日本の競争力を支えるJissoが基礎から分かる

実装技術の教科書

神谷有弘

一流の電子機器開発者から本物の実装力を学ぶ

日経BP

はじめに

　実装技術の教科書的な書籍の執筆を依頼され、いろいろ考えてみ
ました。教科書とはどのような性格であったのか、主に小中高校と
お世話になった教科書からイメージしてみました。1つ目は、その
教科・分野（実装技術学とでも言いましょうか）の内容をある程度
網羅していることです。2つ目は、初学者を意識して記載されてい
ることです。そこで本書では、実装技術の範囲を定義して、その中
で関連する内容を記載していくことにしました。技術の解説や背景
に加えて、それに関わる材料や部品についても触れるようにしまし
た。これは学生時代に学んだ人は感じていると思いますが、教科書
の内容だけでは十分ではないと感じ、自分でもっと専門的に新たに
調べたいと思う意欲をかき立てるきっかけをつくるのが、教科書だ
と思います。読んで飽きさせないという要素も重要でしょう。そこ
で2つ目の、初めて「実装技術」の分野に触れる方にとって、学ぶ
際のハードルを低くすることです。そのため、できる限りこの分野
での専門用語でつまずかないように、用語の解説を設けました。
「実装技術学」なる分野はあるのでしょうか。実装技術が、製造技
術的な要素が強く実装技術全体の体系化がされていないことと、組
み立て対象に対して常に正解があるわけではない、あるいはどれも
正解になる場合があり体系化しにくいということから、学問体系と
して把握しにくいと思われます。実装技術が主役になりにくいとい
うこともあるのでしょうか。そんな状況を少しでも変えられたらと

いう思いで、本書をまとめました。

　実装技術といえば回路素子部品を一般にプリント板（工業会用語ではプリント配線板；PWB）と呼ばれる基板上に、はんだ付けするイメージではないでしょうか。しかし、最近では自動車業界では電動化の動きが加速し、パワーエレクトロニクスが注目されて、パワーデバイスを含めた冷却機構を組み込んだ製品を、コンパクトに仕立てることが重要視されています。すなわち、制御回路、パワーデバイス、冷却機構を一体として製品設計する必要が出てきたのです。このような製品群では、半導体の設計から機構部品である冷却器の設計まで見通して、製品設計、製品製造技術の完成度を高めていく必要があります。

　ものを組み立てる方法に、複数の解（方法）がありますが、適用する製品によってその最適性が変わります。真に正解が見えてくるのは、市場の評価に依存することがあるからです。以前、携帯電話（ガラケー）が普及後、携帯電話の軽量化、薄さ競争が激化したのも記憶に新しいところです。そのさなか NEC が 2004 年中国向けにカード型の薄型携帯電話「N900」を発売したことがありました（薄さ 8.6mm の世界最薄で、クレジットカードサイズ）。高価格にもかかわらず数万台は売れたと聞いています。これなどは、デザインとそれを実現した実装設計の結果だと思います。余談ですが、このコンセプトを発展させていたら、現在のスマートフォンも日本から誕生したかもしれないと思うと、少し残念です。NEC の例ではデザインに価値を持たせ、それを実装技術で実現した例として、実

装技術が注目された製品といえるでしょう。

　第1章では、実装を広く「Jisso」という概念に発想転換してもらうことを目指しています。第2章は、半導体チップレベルの実装技術を、第3章でその半導体をパッケージする、あるいは基板に実装するために考えておくべきことを整理しています。第4章は、従来の実装技術領域の話題です。技術や部品、基板、実装材料と幅広く取り上げ整理しました。第5章は、最終的に製品をパッケージング（取り扱いできる形）として仕上げるための設計技術、材料について触れています。第3章から第5章において、広く実装技術に関わる材料としてエポキシ樹脂を併せて取り上げています。第6章は、自動車用電子製品では避けて通れない、信頼性に関わる項目、特に評価試験に関する考え方をまとめました。第7章では、第1章から第6章を踏まえて各種車載電子製品の具体例から、信頼性、封止技術、回路基板タイプの放熱技術とパワーモジュールの放熱技術に関わる実装技術事例をまとめました。最終章である第8章は、実装技術は常に変化し進化していきながらも、影武者のように電子製品を支えていく大切さに触れました。そして、巻末の用語解説は、本書に登場するものだけではなく、他の専門書を読む際の参考になるように少し多めに掲載したつもりです。

　実装技術に関わる各領域の要素技術をまとめてみると、非常に広範囲になっていることに気づかされました。内容としてもっと記載したいことはたくさんあったのですが、さまざまな制約でこのような形となりました。機会がありましたら、もっと内容を充実させた

ものを送り出したいと思います。よく学生に実装技術について説明してほしいと言われます。技術的な奥深さもそれぞれあるのですが、それに関連してさまざまな要素が存在し、それがまた別の技術とも関連しているという複雑さが、実装技術の体系化を難しくしているからかもしれません。

　また、今回技術用語の表現についても出版社に無理を言って整理してもらいました。例えば、多くの技術業界では「モータ」と表現しますが、一般書では「モーター」と表現されています。この違いをいろいろ調べて一覧にまとめました。調べた結果、かつてはJIS準拠で長音記号「—」を入れないという流れでしたが、最近は長音記号を入れる方向に戻ってきているようです。そこで「外来語表記ガイドライン第3版」に従うように整理しました（出版社の表記ルールに変更している用語も分かるように記載しています。詳細は技術用語一覧表参照）。

　言葉は文化を作ります。表現に揺れが生じることは致し方ないことです。しかし、最初に目にした表現を正しいと信じることもあります。本書はそうした意味でも表現にこだわったつもりです。

　車載電子製品分野が中心ではありますが、本書が、実装技術に少しでも興味を持っていただくための一助となれば本望でございます。

神谷有弘

◎ **本書の技術用語表記に関する注意事項**

JIS準拠表現	英語表記	本書で書き換えた表現	
アウタ	outer	アウター	
アクチュエータ	actuator	アクチュエーター	
アセンブリ	assembly	アセンブリー	
アンダフィル	underfill	アンダーフィル	
イグナイタ	igniter	イグナイター	
イミュニティ	immunity	イミュニティー	
インダクタ	inductor	インダクター	
インタフェース	interface	インターフェース	
インタポーザ	interposer	インターポーザー	
インナ	inner	インナー	
インバータ	inverter	インバーター	
ウインドウ	window	ウインドー (注)日本経済新聞社用語ではドウをドーと長音記号に変更	
ウエーハ	wafer	ウエーハ (注)日本経済新聞社用語のウェハーに対しウエーハを採用	
エネルギ	enrgy	エネルギー	
キャパシタ	capacitor	キャパシター	
キャビティ	cavity	キャビティー	
キャピラリ	capillary	キャピラリー	
グリース	grease	グリス (注)日本経済新聞社用語ではグリスと長音記号をつけない	
コネクタ	connector	コネクター	
コレクタ	collector	コレクター	

本書は技術者が使用する一般的な技術用語とは異なる用語を使用しています。日経 BP 発行の『教科書』シリーズの用語統一を図るためです。以下に、JIS 準拠表現、英語表記、本書で書き換えた表現、ガイドライン、その他用語辞典、出典の一覧を掲載します。

ガイドライン	その他用語辞典	出典
アウター	アウタ	自動車用語
	アウター	ボッシュ・カタカナ事典
アクチュエーター	アクチュエータ	自動車用語
	アクチュエーター	ボッシュ・世界大百科事典・カタカナ事典
アセンブリー	アセンブリ	自動車用語
	アセンブリー	世界大百科事典・カタカナ事典
アンダーフィル	アンダフィル	エレクトロニクス実装大事典
	アンダーフィル	エレクトロニクス実装大事典
イグナイター	イグナイタ	自動車用語
	イグナイター	ボッシュ
イミュニティー	イミュニティ	エレクトロニクス実装大事典
インダクター	インダクター	マグローヒル・ボッシュ・カタカナ事典
インターフェイス	インタフェース	電気設備用語辞典・世界大百科事典
	インターフェイス	マグローヒル
	インターフェース	カタカナ事典
インターポーザー	インターポーザ	エレクトロニクス実装大事典
	インターポーザー	マグローヒル
インナー	インナ	自動車用語
	インナー	カタカナ事典
インバーター	インバータ	自動車用語
	インバーター	ボッシュ・カタカナ事典
ウインドウ	ウインドウ	自動車用語・ボッシュ
ウエーハー	ウェーハ	半導体用語辞典
	ウエハー	ボッシュ・カタカナ事典
	ウェーハー	世界大百科事典
エネルギー	エネルギー	電気設備用語辞典・自動車用語・ボッシュ・カタカナ事典
キャパシター	キャパシタ	マグローヒル
	キャパシター	カタカナ事典
キャビティー	キャビティ	エレクトロニクス実装大事典
	キャビティー	カタカナ事典
キャピラリー	キャピラリ	エレクトロニクス実装大事典
	キャピラリー	カタカナ事典
グリース	グリース	マグローヒル・自動車用語・ボッシュ・世界大百科事典・カタカナ事典
コネクター	コネクタ	自動車用語
	コネクター	世界大百科事典・ボッシュ・カタカナ事典
コレクター	コレクタ	半導体用語辞典・自動車用語
	コレクター	世界大百科事典・ボッシュ・カタカナ事典

コンデンサ	condens**er**	コンデンサー	
コントローラ	controll**er**	コントローラー	
コンピュータ	omput**er**	コンピューター	
サイリスタ	thrist**or**	サイリスター	
シュレッダ	shredd**er**	シュレッダー	
シリンダ	cylind**er**	シリンダー	
スペーサ	spac**er**	スペーサー	
セラミック	ceramic	セラミック **(注)日本経済新聞社用語では「セラミック」、「セラミックス」を区別せず「セラミックス」と表記するが、本書籍では表中のように区別する方式を採用**	
セラミック基板	ceramic substrate	セラミック基板	
セラミックキャパシタ	ceramic capacit**or**	セラミックキャパシター	
セラミックコンデンサ	ceramic condens**er**	セラミックコンデンサー	
セラミックス	ceramic**s**	セラミックス	
センサ	sens**or**	センサー	
ソルダ	sold**er**	ソルダー	
ダイボンダ	die bond**er**	ダインボンダー	
ディスプレイ	Displa**y**	ディスプレー	
ディジタル	digital	デジタル	
ドライバ	driv**er**	ドライバー	

コンデンサー	コンデンサ	自動車用語
	コンデンサー	マグローヒル・ボッシュ・カタカナ事典
コントローラー	コントローラ	自動車用語
	コントローラー	ボッシュ・カタカナ事典
コンピューター	コンピュータ	自動車用語・デジタル用語辞典
	コンピューター	マグローヒル・ボッシュ・カタカナ事典
サイリスター	サイリスタ	自動車用語・半導体用語辞典・カタカナ事典
	サイリスター	世界大百科事典
シュレッダー	シュレッダ	自動車用語
	シュレッダー	日本国語大辞典　第2版・カタカナ事典
シリンダー	シリンダ	自動車用語
	シリンダー	ボッシュ・カタカナ事典
スペーサー	スペーサ	自動車用語
セラミック	セラミック	自動車用語・ボッシュ・カタカナ事典・世界大百科事典・エレクトロニクス実装大事典 「セラミックス」は材料を表し、「セラミック」はセラミックを使った製品の場合に用いる。セラミックス基板ではなく、セラミック基板のように用いる。あるいは、「セラミックス」は名詞として用いる場合に使用する。「セラミック」は形容詞としてセラミックキャパシタのように用いる。 ボッシュでは材料をあらわす場合もセラミックを用いてセラミックで統一。
セラミック基板	セラミック基板	エレクトロニクス実装大事典
セラミックキャパシター	セラミックキャパシター	マグローヒル
セラミックコンデンサー	セラミックコンデンサ	自動車用語・日経エレクトロニクス用語
	セラミックコンデンサー	世界大百科事典・カタカナ事典
セラミックス	セラミックス	世界大百科事典・カタカナ事典 複数形。総称表現をする場合に用いる。
センサー	センサ	自動車用語
	センサー	ボッシュ・世界大百科事典・カタカナ事典
ソルダー	ソルダー	マグローヒル
	ソルダ	自動車用語・半導体用語辞典
ダイボンダー	ダイボンダ	エレクトロニクス実装大事典
ディスプレー	ディスプレー	世界大百科事典・日本国語大辞典・カタカナ事典
	ディスプレイ	自動車用語・ボッシュ
デジタル（例外）	デジタル	自動車用語・ボッシュ・カタカナ事典・デジタル用語辞典
	ディジタル	半導体用語辞典 世界大百科事典ただし「デジタルと表記することも多い」と記載あり。
ドライバー	ドライバ	自動車用語・デジタル用語辞典
	ドライバー	世界大百科事典・カタカナ事典

トランジスタ	transist**or**	トランジスタ **(注)日本経済新聞社用語ではトランジスタには長音記号つけない**	
トランスファ	transf**er**	トランスファー	
バイポーラ	bipol**ar**	バイポーラー	
バインダ	bind**er**	バインダー	
バッテリ	batter**y**	バッテリー	
パラメータ	paramet**er**	パラメーター	
パワートレイン	power tr**ai**n	パワートレーン **(注)日本経済新聞社用語ではトレインをトレーンと長音記号に変更**	
ハードウェア	hard**wear**	ハードウエア	
ヒートスプレッダ	heat sprea**der**	ヒートスプレッダー	
フィラ	fill**er**	フィラー	
フィルタ	filt**er**	フィルター	
フォトグラフィ	photograph**y**	フォトグラフィー	
プラスチック	plastic	プラスチック	
プラスチックス	plastic**s**	プラスチックス	
プランジャ	plung**er**	プランジャー	
プレーナ	plan**ar**	プレーナー	
プロセッサ	process**or**	プロセッサー	
ボデー	bod**y**	ボディー	
ポリマ	polym**er**	ポリマー	
ホルダ	hold**er**	ホルダー	
マウンタ	mount**er**	マウンター	

トランジスター	トランジスタ	自動車用語・半導体用語辞典 大事典 NAVIX
	トランジスター	ボッシュ・世界大百科事典
トランスファー	トランスファ	自動車用語
	トランスファー	世界大百科事典・カタカナ事典
バイポーラー	バイポーラ	半導体用語辞典・自動車用語・ボッシュ
	バイポーラー	世界大百科事典・カタカナ事典
バインダー	バインダ	エレクトロニクス実装大事典
	バインダー	世界大百科事典・カタカナ事典
バッテリー	バッテリ	自動車用語
	バッテリー	ボッシュ・世界大百科事典・カタカナ事典
パラメーター	パラメータ	自動車用語
	パラメーター	ボッシュ・世界大百科事典・カタカナ事典
パワートレイン	パワートレイン	自動車用語・ボッシュ
ハードウェア	ハードウェア	世界大百科事典・ボッシュ
	ハードウエア	デジタル用語辞典・カタカナ事典
ヒートスプレッダー	ヒートスプレッダ	Wikipedia
フィラー	フィラー	自動車用語・ボッシュ・世界大百科事典・ カタカナ事典
フィルター	フィルタ	自動車用語
	フィルター	ボッシュ・世界大百科事典・カタカナ事典
フォトグラフィー	フォトグラフィ	日本国語大辞典
	フォトグラフィー	カタカナ事典
プラスチック	プラスチック	自動車用語・ボッシュ・世界大百科事典・ カタカナ事典 形容詞的にプラスチックを使った製品 プラスチックエンジンのように用いる。
プラスチックス	プラスチックス	「プラスチックの代わりにプラスチック スと表記する場合もある」（世界大百科 事典）
プランジャー	プランジャ	自動車用語
	プランジャー	ボッシュ・世界大百科事典・カタカナ事典
プレーナー	プレーナ	半導体用語辞典
プロセッサー	プロセッサ	自動車用語
	プロセッサー	ボッシュ・世界大百科事典・カタカナ事典
ボディー	ボデー	自動車用語
	ボディ	ボッシュ・世界大百科事典
	ボディー	カタカナ事典
ポリマー	ポリマ	自動車用語
	ポリマー	ボッシュ・世界大百科事典・カタカナ事典
ホルダー	ホルダー	日本国語大辞典・世界大百科事典・カタカナ事典
マウンター	マウンタ	エレクトロニクス実装大事典
	マウンター	Wikipedia

マスタ	master	マスター	
メーカ	maker	メーカー	
メータ	meter	メーター	
メモリ	memory	メモリー	
モータ	motor	モーター	
モニタ	monitor	モニター	
ライダー	lidar	ライダー	
ラジエータ	radiator	ラジエーター	
リテーナ	retainer	リテーナー	
レギュレータ	regulator	レギュレーター	
レクチファイヤ	rectifier	レクチファイヤー	
レーザ	laser	レーザー	
レーダ	radar	レーダー	
レジスタ	register	レジスター	
ロータ	rotor	ローター	
ワイヤー	wire	ワイヤ	

※技術者が使用する一般的な技術用語とは著者が以下の書籍を参照調査したものを記載しています。─────

◎ **自動車・自動車部品関係** …… ■新日英中自動車用語辞典（自動車用語）／公益社団法人 自動車技術会 ■自動車の百科事典／公益社団法人 自動車技術会 ■ボッシュ自動車ハンドブック 日本語版第4版／シュタール ジャパン ■自動車用語辞典 改訂版／トヨタ自動車 トヨタ技術会 ◎ **電気電子関係** …… ■電気工学ハンドブック／社団法人 電気学会 ■電気設備用語辞典／電気設備学会 ■パワーエレクトロニクスハンドブック／オーム社 ■エレクトロニクス用語辞典／トヨタ自動車 トヨタ技術会 ■マイクロエレクトロニクスパッケージングハンドブック／日経BP ■エレクトロニクス実装大事典／工業調査会 ■プリント回路ハンドブック 原書第3版／近代科学社 ■プリント回路技術便覧 第3版／日刊工業新聞 ■デジタル用語辞典 2002-2003年

マスター	マスタ	自動車用語
	マスター	ボッシュ・世界大百科事典・カタカナ事典
メーカー	メーカ	自動車用語
	メーカー	ボッシュ・日本国語大辞典・カタカナ事典
メーター	メータ	自動車用語
	メーター	ボッシュ・世界大百科事典
メモリー	メモリー	自動車用語・ボッシュ・デジタル用語辞典・カタカナ事典・世界大百科事典
	メモリ	半導体用語辞典・標準パソコン用語辞典
モーター	モーター	マグローヒル・ボッシュ・世界大百科事典・カタカナ事典
	モータ	自動車用語
モニター	モニタ	自動車用語・半導体用語辞典・標準パソコン用語辞典
	モニター	世界大百科事典・ボッシュ・カタカナ事典・デジタル用語辞典
ライダー	ライダー	ボッシュ・カタカナ事典・Wikipedia
ラジエーター	ラジエーター	マグローヒル・ボッシュ・カタカナ事典
	ラジエータ	自動車用語
	ラジエター	世界大百科事典
リテーナー	リテーナ	自動車用語
レギュレーター	レギュレータ	自動車用語
	レギュレーター	ボッシュ・カタカナ事典
レクチファイヤー	レクチファイヤ	エレクトロニクス用語辞典
レーザー	レーザー	マグローヒル・ボッシュ・世界大百科事典・カタカナ事典
	レーザ	自動車用語
レーダー	レーダー	マグローヒル・ボッシュ・世界大百科事典・カタカナ事典
	レーダ	自動車用語
レジスター	レジスタ	自動車用語・デジタル用語辞典・標準パソコン用語辞典
	レジスター	ボッシュ・カタカナ事典
ローター	ロータ	自動車用語
	ローター	ボッシュ・世界大百科事典・カタカナ事典
ワイヤ	ワイヤー	マグローヒル・ボッシュ
	ワイヤ	自動車用語

度版／日経BP ■日経パソコン用語辞典 2009／日経BP ■標準パソコン用語辞典 2009-2010年版／秀和システム ■コンパクト版半導体用語辞典／日刊工業新聞 ◎ **一般技術用語**…… ■マグローヒル科学技術用語辞典（マグローヒル）／日刊工業新聞 ◎ **一般用語** …… ■世界大百科事典 改定新版／平凡社 ■大事典『NAVIX』／講談社 ◎ **表現** …… ■日本国語大辞典 第2版／小学館 ■大漢和辞典／大修館書店 ■新潮日本語漢字辞典／新潮社 ■imidas 現代人のカタカナ語欧文略語辞典（カタカナ事典）／集英社 ■研究社新英和大辞典 第5版／研究社 ■記者ハンドブック／共同通信社 ■外来語（カタカナ）表記ガイドライン 第3版（ガイドライン）／一般財団法人テクニカルコミュニケーター協会

contents

第 I 部 　基礎編

第1章 　Electronics Packaging から Jisso へ

第2章 　Jisso1次レベル (ウエーハレベル再配線) の概要と実際

第3章 Jisso2次レベル（半導体パッケージ）の概要と実際

第4章 Jisso3次レベル（プリント配線板搭載）の概要と実際

contents

第 **5** 章

Jisso4次レベル(筐体接続)の概要と実際

第Ⅱ部　実践編

第**6**章

実装技術における信頼性

6.1　品質管理の進め方　　　…… 244

contents

第**8**章

実装技術の将来動向

用語集

第　　　1　　　章

Electronics Packaging からJissoへ

第1章
Electronics PackagingからJissoへ

1.1 実装技術のイメージは

　実装という言葉に皆さんはどのようなイメージを抱くでしょうか。本書で扱う実装は、英語では、Electronics Packaging です。

　それでは、「ものづくり」の中でも電子製品を作るというのはどのような感覚でしょうか。電子製品を作るというのは、形を作るというよりも、機能を実現させるための作業や手順といった行為です。これまで触れたものづくりと少し異なるということをしっかり理解してください。電子製品は、ある機能を実現させるために、電子部品を組み合わせて回路図を設計するところから始まります。その回路図を基に、実際のハードウエアと呼ばれる回路基板を組み立てます。そして、必要な接続端子などを追加して、回路基板を収める筐体を作ります。筐体内に回路基板をねじなどで固定すれば、必要な電子回路製品が出来上がります。

　実装は従来、回路基板を組み立てる技術とイメージされていました。しかし最近では、電子製品を実現するためのシステム的な視点を入れた、設計・組み立て技術という見方が広がっています。1990 年代から日本の電子産業が世界をリードしてきました。それを支えたのは電子製品の「軽薄短小」化を実現する組み立て技術、すなわち実装技術（Electronics Packaging Technology）です。その最終形状としての、小型で携帯しやすい製品の実現のためには、回路基板組み立ての実装技

術だけではなく、最終形状までを意識した実装設計が必要であると認識されるようになりました。

1.2　エレクトロニクス実装技術（Electronics Packaging Technology）とは

　真空管を使った回路の組み立てでは、実装という言葉は使われていませんでした。扱う部品の大きさもあってか、あくまでも「組み立て」でした。時代が移り、トランジスタが真空管を駆逐して、各電子部品が小型化されるようになりました。その後、電子回路を形成する配線があらかじめ形成された配線基板上に各電子部品を接続（多くははんだ付け）するようになり、回路基板を作製するようになってから、実装という言葉が使われるようになりました。

　実装に対するイメージができたところで実装技術を定義すると、「電子回路を構成する部品を組み立て、電気的に接続して、実用に耐えるように仕上げる総合技術」となります[1]。

　最近は、自動車においても電動化や自動運転技術の開発が進行して、車両の電子制御化が拡大しており、多くの電子製品が車両に搭載されています。自動車は長期間故障せずに動作することが求められています。そのため、「電気的に接続」された部位に対して、機械的な接続強度を考慮した設計も必要になっています。単に、「電気的な接続」を実現するだけではなく、機械的な接続強度を確保する機能や、放熱設計のための熱的な接続機能なども、接続部が持つべき機能として必要となってい

るのです。そこで、現在求められている実装技術を改めて定義すると、「電子回路を構成する部品を組み立て、電気的、機械的および熱的に接続して、実用に耐えるように仕上げる総合技術」となります。

最近では、環境対応によってさまざまなものが電動化に向かう流れにあります。電動化では、モーター制御が鍵を握ります。インバーターは高電圧・大電流を扱うため、半導体デバイスの損失による発熱が大きい。そのため、放熱設計と動作ごとの温度変化や周辺の温度変化に耐えられる長寿命設計を考慮した、まさにパッケージング技術がインバーターには必要です。

このように、新しいデバイスの出現により、それらに合わせた実装技術を開発する必要があります。その点では、実装技術開発に終わりはないともいえます。それが、逆に実装技術に関わる皆さんにとっては、非常に魅力的なところかもしれません。

1.3　実装技術が扱う範囲

Electronics Packaging から受けるイメージと少しずれていると感じたかもしれません。日本が1980年代後半から世界をけん引した電子機器産業界では、「実装」をより広くシステム設計統合技術と捉え、最終製品を仕上げる設計手法を磨いたことで、電子製品の付加価値を高めることに成功しました。

図1-1は日本が提唱する実装の本質を説明したものです。電子製品はさまざまな材料や部品から構成されます。それらを組み立てて接合す

半導体、電子部品、半導体パッケージ、プリント配線板、設計などの個々の
技術を有機的に結びつけ最適化するシステム設計統合技術：Jisso

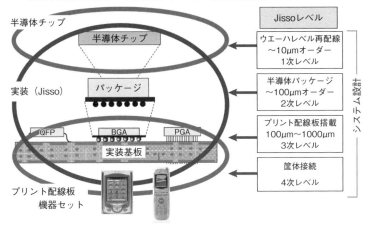

図 1-1 ●Jisso についての解説
〔JEITA Jisso 技術ロードマップ専門委員会の Web サイト（https://home.jeita.or.jp/jisso2/
about/index.html）を基に筆者が作成〕

る際に、製品設計時に統一的に整合性を図って製品を成立させる技術が
実装になります。単なる Electronics Packaging から生まれるイメージ
よりも、ずっと広い範囲を考慮して電子製品の設計を行うことの必要性
を主張しています。そのため、JEITA（電子情報技術産業協会）は、
「実装」について世界標準の表現として「Jisso」を提案し、その認識
の普及拡大を図っています。

　さて、図 1-1 で示す各 Jisso レベルにおける関係は常に、実装プロセ
ス技術と実装組み立て技術の両面を含んでいます。すなわち、組み立て
る対象部品をどのように作るかという側面（実装プロセス技術）と、そ
の作られた各対象部品を相互にどのように接続して電気回路として機能
を実現させるかという側面（実装組み立て技術）です。実装プロセス技

術と実装組み立て技術の両技術は、電子材料を使ってある部品を複数の部品構成に組み上げるものです。

　実装プロセス技術は、電子材料に対して要求特性を明確にします。逆に、電子材料側からの制約に従い、製品実現のためのプロセスに影響を与えます。そして、確立された実装プロセス技術に従い、実際に実装組み立て技術を確立することになります。

　この実装組み立て技術を確立するということは、さまざまな要因を考慮する必要があります。例えば、安定的に組み立てられることや、組み付けられたものの工程内のばらつきが小さいこと、長期的な使用において寿命が確保されることなどを満たす組み立て技術を確立しなければなりません。生産技術の要素が強い技術といえます。従って、プロセス技術が確立しても、工程内でそこで使う電子材料の管理が非常に難しい場合、その材料を使いこなすためのコストがかかることを意味します。これでは、工学的には実装技術全体が確立されているとはいえません（図1-2）。

　例えば、部品内蔵基板技術は、ウエーハ[*1]レベルの配線技術と配線板側の技術の整合性が必要であり、どちら側がどのような技術で歩み寄るかという擦り合わせが必要です。その手法は製品全体から見て判断することになり、一意に決められるわけではありません。だからこそ、そこに実装技術の開発を進める意義があるのです。常に製品全体から見た最適な実装技術の開発を心掛けてください。

＊1「ウエーハ」の表記について 本文中に用いる「wafer／wéifər」の表記は、ウエーハの他にウェーハ、ウェハ、ウェハー、ウエハ、ウエハーとさまざまに記載されています。本書

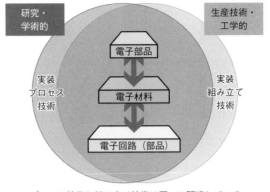

プロセス技術と組み立て技術は互いに関連している

図1-2 ●実装技術に関わる相互の関係
（出所：筆者）

では、wafer に対してウエーハの表記で統一します。

「ェ」または「エ」すなわち文字の大きさをどうするかについては、『外来語（カタカナ）表記ガイドライン 第3版』（テクニカルコミュニケーター協会、2015年9月発行）では、「ウエ」とエを小さくしないとしています。また、エの後の長音符号「ー」は、「a＋子音字＋e」の表記には「ー」を充てるとの原則に従います。この表現規則に従えば、「ウエーハ」となります。そこで、本書では「ウエーハ」の表記を採用しています。

1.4　実装技術に求められる要件

　実装技術は、電子製品としてユーザーが望む機能を実現し、その使用期間中は壊れずに動作することを実現する技術ともいえます。よって、実装技術には、単純に電子部品をプリント配線板上に電気的に接続して動作することを求められます。加えて、その使用において安全であることや故障しないことも期待されており、それらの各種要件を実現することも要求されます。

　特に、車載電子製品ではその使用期間の長さ（一般に 20 年・30 万 km を保証し、かつ部品供給はそのクルマが使用されている限り責任を持つ必要がある）への対応が求められます。自動車は、人間の行動範囲の広がりを踏まえて地球上のあらゆる環境を想定し、それらに対応して電子製品が耐えられるように設計しなければなりません。実装技術もこれに対応する必要があります。車載電子製品の搭載環境を見ると、電子製品の高機能化によって高消費電力化が進み、自己発熱量が増加しています。従って、車載電子製品では熱設計を意識した実装技術が重要になってきています。

1.5　電子機器の「軽薄短小」動向

　小型化の基本は、使用する部品を小さくすることです。できる限り多くの電子部品の機能を 1 つの半導体デバイスに内蔵する必要があります。そのため半導体デバイスのパッケージは接続端子数が多くなり、QFP（Quad Flat Package；4 辺の全てからリード端子が出ている表面実装型パッケージ）も大きくなって、車載用のマイコンパッケージでは、40mm×30mm 程度のものまで登場しました。これくらい大きくなると、4 辺の端子の全てをきれいにはんだ付けすることが難しくなります。現在では、300 端子を超えるパッケージは BGA（Ball Grid Array；プリント配線板の裏面に球形のはんだをアレイ状に並べてリード端子の代わりにする表面実装型パッケージ）に移行しています。さらに、100 端子以下の QFP も QFN（Quad Flat Non-Leaded Package；

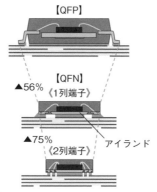

図1-3 ●QFNによるQFPに対する小型化
効果
（出所：筆者）

リード端子がなく、電極パッドを接続用の端子に使う表面実装型パッケージ）に置き換えられつつあります。自動車用部品でも限定的ですが、小型化効果を狙ってQFNの採用を始めています（図1-3）。

　自動車において電子制御化が進行するきっかけとなったのが、1970年に米国で成立したマスキー法[*2]です。この法令をクリアするために、自動車用内燃機関の排出ガス規制適合を、燃料噴射の電子制御によって実現したのが始まりです。その後、さまざまな電子制御システムが採用されるようになり、搭載されている電子制御ユニット（ECU：Electronic Control Unit）の数は高級車クラスでは100個以上になっています（図1-4）。

　1990年以前は、主にパワートレーン系の電子制御システムが中心でしたが、1990年以降はエアバッグシステムやアンチロックブレーキシ

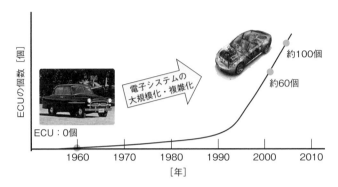

図 1-4 ● 車載 ECU の搭載数の動向
（出所：筆者）

ステム（ABS）の標準搭載の規制化により、車両に搭載される ECU の
個数が急増しています。また、パワートレーン系の ECU は新しい制御
システムが採用されるようになり、ECU の高機能化・大型化が顕著で
す。そのため、従来は車室内に搭載されていたエンジン制御 ECU が搭
載上の制約となり、ECU の小型化が必要になりました。さらには、車室
内に搭載スペースがなくなり、パワートレーン制御に関する ECU はエ
ンジンルーム内に搭載されるようになりました（**図 1-5**）。その搭載環
境は、**図 1-6** に示すように一般の民生電子製品では動作しない環境も
存在します。

＊2 マスキー法 自動車の排出ガスに含まれる有害ガス（一酸化炭素と炭化水素、窒素酸化
物）の排出量を 1970〜71 年型の車種に対して 1/10 以下に抑えなければ、1970 年代半
ば以降に生産する自動車の販売を認めないという厳しい法律。

パワートレーン制御の高機能化・多様化

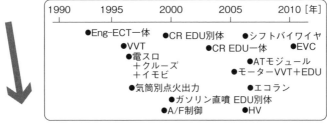

車載搭載環境の変化
（エンジン制御ECU）

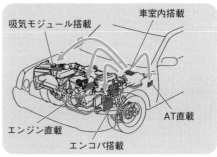

図 1-5 ● エンジン制御 ECU の進化と搭載環境の変化
（出所：筆者）

1.6 エレクトロ実装技術におけるマイクロ接合技術

　図 1-1 に Jisso レベルとして 4 つの階層に整理すると理解しやすいことを説明しました。その具体的イメージと、これまで述べた実装技術に求められる要件を整理して図 1-7 に示します[2]。

1 次レベル：半導体チップ内部での相互接合・接続。

2 次レベル：半導体チップの端子とパッケージのリード導体の間の接合・接続。

3 次レベル：パッケージの外部リード導体とプリント配線板上配線導体

エンジンルーム各部の最高温度例

場所	最高温度 [℃]
エンジンクーラー	120
エンジンオイル	120
トランスミッションオイル	150
吸気マニホールド	120
排気マニホールド	650
オルタネータ吸気エア	130

自動車各部の最高湿度例

場所	最高温湿度 [℃]、[％ RH]	
エンジンルーム（エンジン付近）	38	95
座席シート	66	80
側面ドア付近	38	95
ダッシュボード付近	38	95
フロアシート	66	80
リアデッキ	38	95
トランクルーム	38	95

室内各部の最高温度例

場所	最高温度 [℃]
ダッシュボード上部	120
ダッシュボード下部	71
室内床面	105
リアデッキ	117
ヘッドライニング	83

図 1-6 ●車両の搭載環境の一例
（出所：筆者）

　　　　　との接合・接続。

4次レベル：プリント配線板相互の接合・接続ならびに外部筐体との接

　　　　　合・接続によるシステムの構成。

　1次レベルは、半導体チップの形成のための薄膜ウエーハプロセスで

す。近年では、小型化のために CSP（Chip Scale Package または Chip

Size Package；BGA を大幅に小さくし、実装する半導体チップと同サ

イズに縮小したパッケージ）が注目されています。特に、このウエーハ

プロセスにおいて配線・接続バンプまで完成させる WLP（Wafer Level

Package；ウエーハ状態でパッケージの最終工程まで処理して完成させ

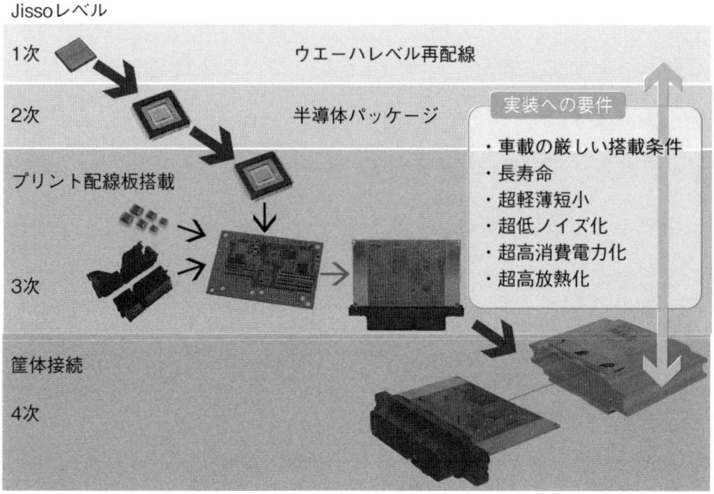

図 1-7 ●実装技術に求められる要件
〔「標準 マイクロソルダリング技術 第 3 版」（日刊工業新聞）を基に筆者が作成〕

るCSP）は、2次レベルを省略して究極の小型化を実現できる技術として期待されています。

　2次レベルは、半導体チップをパッケージングするために、金（Au）や銅（Cu）あるいはアルミニウム（Al）線を用いたワイヤボンディング接続や、フリップチップ（FC：Flip Chip）接続を使っています。これらの技術で半導体チップ内の電極と外部パッケージの端子導体とを接合するだけではなく、パッケージとして樹脂封止やセラミックパッケージに収める技術も含んでいます。

　3次レベルは、2次レベルで作製した半導体パッケージ（能動部品）と、抵抗やインダクター、キャパシターといった受動部品、もしくはコネクターやリレーなどの機能部品などとを、プリント配線板上に接合・

接続する技術です。また、部位によっては導電性接着剤による接続方法も行われています。また、能動電子部品のプリント配線板への部品内蔵技術もあります。

　4次レベルは、3次レベルで組み立てた電子回路基板を一般ユーザーが使用できるように回路保護の筐体に収め、システム製品として完成させることです。ここでは、マイクロ接合の視点が重要になってきています。電気的な接続ではノイズ対策、すなわち EMC（Electromagnetic Compatibility；電磁両立性）のための筐体との電気的接続、あるいは絶縁の技術です。

　そして、最近注目されているのが、熱設計の側面からの効率的な熱接続の実現方法です。放熱設計では、異種材料を接着して放熱経路を確保することが行われています。この熱設計の良否が製品寿命にも影響を与えます。

参考文献

1) ハイブリッドマイクロエレクトロニクス協会編，『エレクトロニクス実装技術基礎講座 第1巻 総論』，工業調査会，p.14，1994年．
2) 日本溶接協会 マイクロソルダリング教育委員会編，『標準 マイクロソルダリング技術 第3版』，日刊工業新聞社，pp.1-21，2011年．

第2章

Jisso1次レベル(ウエーハレベル再配線)の
概要と実際

Jisso1次レベル（ウエーハレベル再配線）の概要と実際

　本章では、第1章で説明したJisso1次レベルについてその概要と実際について説明します。

　車載電子製品は、顧客からの製品仕様の提示に基づいて設計するものが多くあります。その際、半導体チップ内にどれだけの回路を入れ込むか最初に考えます。それは、ハードウエアとソフトウエアの分担切り分けになります。動作時間の要求仕様と、将来的な制御内容の変更の見通しに依存する場合もあります。このように、半導体チップの設計が全ての始まりです。そのため、Jisso1次レベルはウエーハレベル再配線ですが、実際は半導体チップの設計に影響を受けます。半導体チップそのものの開発は、その意味でJisso0次レベルとも表現する場合があります。

2.1　半導体チップの開発工程

　図2-1に、半導体チップの開発工程フローを示します。顧客から示された製品機能仕様に基づいて必要な半導体チップを設計していきます。

2.1.1　機能設計

　最初にシステムとして動作するレベルをきちんと整理し、回路動作のアルゴリズムを記述します。これを基に、半導体チップ内の機能ブロックのレベルの設計を行います（機能レベルの記述）。最近では、先のアルゴリズム記述からレジスターや演算機で構成されるハードウエア表現

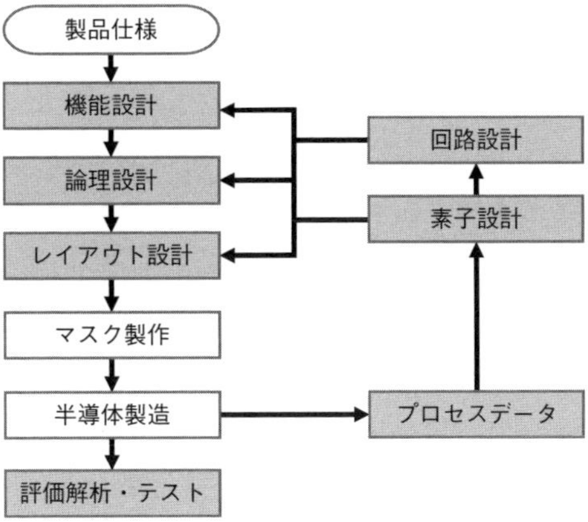

図2-1 ●半導体チップの開発工程フロー
（出所：筆者）

に自動的に落とし込むことを機能合成といいます。

2.1.2 論理設計

　まず、論理回路（logic circuit）の設計を行います。論理回路は、2種類あります。組み合わせ論理回路と順序論理回路です。組み合わせ論理回路は、現時点の入力信号だけで出力信号が一義的に確定する性質のものです。順序論理回路は、過去の状態と現在の入力信号が出力決定に寄与する性質のものです。AND、OR や NOT などの論理ゲート記号で記述することをゲートレベルの表現といいます。

　さらに、実際の半導体製造のためには、この論理ゲートの1つひとつを実際のトランジスタに落とし込んでいきます（トランジスタレベルの記述）。この段階では、半導体の特性を意識して閾値特性や、Fan-Out・Fan-In 数（入出力ピンに接続できる動作可能なデバイスの数）、

動作速度などの電気特性の要求を満足させる必要があります（素子／回路設計と密接に関連しています）。

2.1.3 レイアウト設計

論理設計に従ってフォトマスク原画となるマスクパターンを設計する段階です。実際に使用するトランジスタや抵抗、キャパシターなどの寸法を考慮して決めていきます。その特性は、実際に半導体を製造するプロセスにおける各素子の特性データ（プロセスデータ）を反映する必要があります。各素子サイズの最適最小化と、電気特性を考慮した各素子間の配置配線の最適化を行います。

まずは、概略レイアウトとしてのフロアプランを作成することから始めます。この段階の設計良否が、半導体のチップサイズを決めます。また、この配線設計では、構成する電気システムで同時使用する関連チップとの外部での接続も容易となるように、外部引き出し端子のレイアウトにも配慮が必要です。

一通りレイアウト設計ができたら、検証としてDRC（Design Rule Checking；半導体チップの製造工程に基づいて決められている最小線幅や最小間隔などの幾何的設計ルールを確認すること）や、ERC（Electrical Rule Checking；マスクデータから電源回路の短絡や、切断、入力ゲート開放、出力ゲート短絡などのエラーを検出すること）などを行い、品質を高めます。

2.1.4　回路設計／素子設計

　論理設計が終了すると、プロセスデータを参考に各素子の構造設計を行います。トランジスタの駆動能力などを考慮して素子サイズを決めていきます。特に論理ゲートの動作速度に遅れが出る場合は回路全体にわたって見直しが必要となります。最初に設計した機能設計を修正する場合もあります。トランジスタでは電圧・電流の基本特性はもちろん、寄生素子についても評価します。代表的な回路シミュレーターは SPICE（Simulation Program with Integrated Circuit Emphasis）です。

　半導体プロセスデータにより、トランジスタや抵抗などの特性やサイズが決まるので、「機能設計」→「論理設計」→「レイアウト設計」→「素子設計」→「回路設計」→「機能設計」→…のループを繰り返し回すことで、半導体チップの設計の完成度を高めていきます。

　素子設計は、半導体プロセスが決まると素子特性が明らかになるので、あらかじめ各素子は、プロセス開発段階で特性データを蓄積していく必要があります。プロセス開発の過程では、プロセスシミュレーション（例えば、熱拡散工程や不純物拡散濃度の条件から、不純物濃度分布などの予測を行って最適化する）を、さらにデバイスシミュレーションし（プロセスシミュレーションの出力結果を取り込んで、トランジスタの電圧・電流特性や端子間容量などの電気特性を計算する）、各素子の予測結果と実測値を確認して、採用する半導体プロセスで製作される各素子の特性を確定します。

　自動車用の半導体は、特に高温環境下での動作安定性が求められま

す。そのため、さまざまな条件で安定動作させる視点での素子開発を並行して進める必要があります。

◀ COLUMN ▶

ムーアの法則 (Moore's law)

　半導体チップに集積されるトランジスタの数の動向に対する経験則からの将来予測です。有名な法則なので、ご存じの人も多いかと思います。1965 年米 Fairchild Semiconductor（フェアチャイルド・セミコンダクター）に所属していた Gordon Moore〔ゴードン・ムーア；米 Intel（インテル）の創業者の 1 人〕は、「半導体チップに集積されるトランジスタの数は約 2 年ごとに 2 倍となる」と発表しました。正確には、「トランジスタの数は 18 カ月（1.5 年）ごとに 2 倍になる」というものです。式で表現すると、n 年後の倍率 p は、

$$p = 2^{\frac{n}{1.5}}$$

となります。ムーアの法則のもう 1 つの意味するところは、1 チップ当たりのコストに対するコンピューティングパワーをどんどん増加させ続けるということです。これが、トランジスタの集積技術（製造ロードマップ）におけるさまざまな開発を加速する原動力となっていることは確かです。

2.2　半導体チップの製造工程

　図 2-2 に半導体の製造工程の流れを示します。Jisso1 次レベルで扱うところは、同図に示した「半導体製造前工程」になります。また、後半の半導体製造後工程は Jisso2 次レベルで扱います。

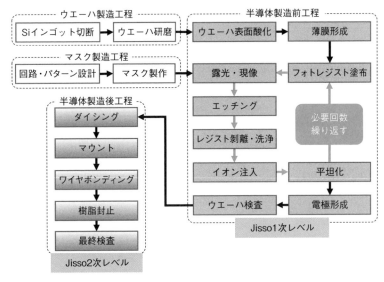

図 2-2 ● 半導体の製造工程
（出所：筆者）

2.2.1 ウエーハ製造工程

　半導体チップの素材としてのウエーハを準備します。ここではシリコン（Si）材料を想定して説明します。シリコンウエーハを作るために、シリコンインゴット〔Si の単結晶（どの位置でも結晶軸の方向が同じもの）の塊〕をワイヤソーで薄くスライスし、薄いウエーハ状態にします。各ウエーハの表面は凹凸があるので、表面の凹凸を研磨剤と研磨パッドによって鏡面のように磨きます。FZ 法（Floating Zone Method）[*1] で作られた FZ ウエーハの場合は、これを実際の半導体製造（前）工程に投入します。

　一方、エピタキシャルウエーハ（epitaxial wafer；エピウエーハと呼

ぶものもあります）は、通常のシリコンインゴットから切り出したウ
エーハ上にエピタキシャル成長（epitaxial growth）[*2]させたウエーハ
です。切り出した後、ウエーハ上に Si を成長（ホモエピタキシャルウ
エーハ）させて、平坦で結晶欠陥の少ないウエーハを作ることで、エピ
ウエーハを前工程に投入します。

　また、半導体製造では汚染物質（ごみや金属汚染、有機汚染、油脂、
自然酸化膜など）を嫌います。そのため、図 2-2 には示していません
が、各工程の前後にウエーハを洗浄する洗浄工程があります[1]。

*1 FZ法（フローティングゾーン法）単結晶作成法の1つです。高純度の多結晶シリコン
のインゴット（直径 100～200mm、長さ 1～2m の円柱）の一部を、棒の周りに設けた誘
導加熱ヒーターで加熱し（IH 調理器と同じ原理）、1 度液体にした後で単結晶化させます。
インゴットの下端には単結晶の種を置き、単結晶成長工程の間にインゴットを回転させま
す。種結晶に接している下端から加熱を始め、徐々に上方に移動させていきます。不純物の
混入が少ないという特徴がありますが、大口径のインゴットを作りにくいという課題もあ
ります。

*2 エピタキシャル成長 1 つの結晶が他の結晶の上に成長すること。エピタキシャル成長
によってエピタキシャル結晶が作られます。単結晶基板の上に、その基板の結晶方位と一定
の関係を保って成長させた結晶です。エピタキシャル結晶には、ホモエピタキシャル結晶と
ヘテロエピタキシャル結晶があります。前者は、基板と成長結晶が同じ場合です。後者は異
なる場合です。また、結晶格子定数などの違いにより、転位や積層欠陥、析出物、点欠陥な
どのさまざまな欠陥がエピタキシャル膜内に生じやすいという問題があります。ヘテロエ
ピタキシャル膜構造により、青色 LED や半導体レーザーなどの新機能素子が開発されてい
ます。

2.2.2　（フォト）マスク製造工程

　回路設計のパターン設計に基づき、それぞれの絶縁層や配線層、不純
物拡散層などの層ごとのマスクパターンを実際に製作準備します。
　フォトマスク（Photomask）は、LSI 回路パターンをシリコンウエー

ハに転写するのに用いる原版のことです。一般的なフォトマスクは、石英ガラス上にクロムや酸化クロムの薄膜層がパターン化されています。この薄膜層の厚さは100nm程度です。フォトマスクは写真の現像のイメージです。すなわち、ネガ（あるいはポジ）フィルムがここではフォトマスクに相当します。一方、焼き付けられた写真がシリコンウエーハに相当します。

2.2.3　半導体製造前工程

　最初に、投入したウエーハを高温の酸素にさらし、表面に酸化膜を形成します。この酸化膜は絶縁層となります。トランジスタの素子分離としての酸化膜形成は、LOCOS（Local Oxidation of Silicon）[*3] と呼ぶ選択酸化膜[*4] を形成することが行われていますが、最近はシャロートレンチ分離（STI：Shallow Trench Isolation）が多くなっています。

[*3] **LOCOS** 個々の素子間の干渉をなくす素子分離技術の1つ。MOS FETの分離技術として広く用いられています。ロコスと読みます。素子形成領域に耐酸化膜である窒化膜パターンを形成し、熱酸化することによって選択的に酸化膜（$0.5\sim2\mu m$）を形成します。熱酸化する前にチャネルストッパー層をイオン注入によって形成したのち、実際の熱酸化を行います。この熱酸化は等方的に成長するので、Si基板表面近くでは、鳥のくちばしのような形になります。これを抑制するために、常圧（1atm）より高い圧力（$10\sim25$atm）で熱酸化を行う方法もあります（図2-A）。

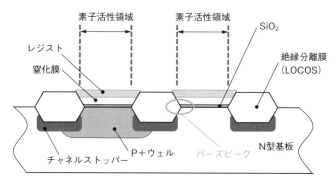

図 2-A ●LOCOS（Local Oxidation of Silicon）膜
（出所：筆者）

＊4 選択酸化 素子活性領域となる部分に、Si に比べて十分に熱酸化速度の遅い窒化膜（Si_3Ni_4）マスクパターンを形成します。窒化膜に覆われていない部分に選択的に SiO_2 を形成する方法です。LOCOS において広く用いられています。

　LOCOS 構造による酸化膜は、Si 基板内下への拡散と上方へ成長した厚い酸化膜です。酸化膜形成のため Si_3Ni_4 などの窒化膜（窒化膜は熱酸化速度が遅い）を、マスクパターンとして利用します。酸化膜成長のその周辺部は、鳥のくちばし（バーズピーク）のように成長するため、半導体の微細化の制約となります。そのため、最近は STI による素子分離が中心になっています。STI は、LOCOS 構造と同様、窒化膜をマスクパターンとしとして、エッチングでシリコン基板に浅い溝を形成します。そこに絶縁用酸化膜を形成して素子間の分離を行います。STI は LOCOS 構造に比べて横方向への広がりがない分、微細化が可能です。

　図 2-2 で示した薄膜形成は、例えば、この窒化膜形成などを含みます。自動車用半導体は、素子の配線面以外は全て酸化膜で囲み、高温でのリーク電流の低減や高絶縁耐性を持たせるためにシリコン基板に深い

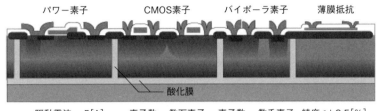

パワー素子　　　　CMOS素子　　　バイポーラ素子　　薄膜抵抗

酸化膜

駆動電流 ～5[A]　　素子数 ～数万素子　　素子数 ～数千素子　精度<±0.5[%]
耐圧>60[V]　　　　耐圧>5[V]　　　　耐圧>35[V]　　　TCR<70[ppm/℃]
ESD>25[kV]

図2-3 ● 車載半導体用 TD 工程の素子例
（出所：筆者）

溝を掘って、素子の裏面側にあらかじめ埋め込み形成した酸化膜と溝の酸化膜を接続することで素子間の絶縁分離を確実に行っています。これを TD（Trench Dielectric isolation）工程といいます（**図2-3**）。

　薄膜形成では、「フォトレジスト塗布」→「露光・現像」→「エッチング」→「レジスト剝離(はくり)・洗浄」→「イオン注入」→「平坦化」→「フォトレジスト塗布」の工程を、素子形成のために必要回数繰り返します。「フォトレジスト塗布」から「レジスト剝離・洗浄」までの一連の工程を、フォトリソグラフィー（photolithography）工程といいます。この工程の技術進歩（微細なパターンを高精度に形成できる技術の進歩）が、集積度の高い製品の実現につながります[2]。

　エッチングは、基板上にパターンを形成するために、マスクとなる保護膜（レジストなど）によりパターンを形成し、マスクしていない部分を化学的、もしくは物理的に除去することです（**図2-4**）。この図に示したように、レジストパターンを再現することが重要です。

　半導体前工程におけるエッチングの方法には、［1］ウェットエッチン

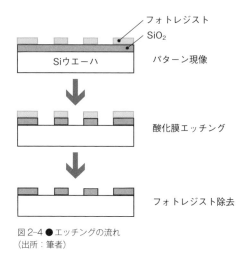

フォトレジスト
SiO₂
パターン現像

酸化膜エッチング

フォトレジスト除去

図 2-4 ● エッチングの流れ
（出所：筆者）

グと［2］ドライエッチングの2つがあります。

［1］ウェットエッチング

　ウェットエッチングは、液体の薬品で酸化膜やシリコンの腐食を行っていく方法です。先述の通り工法的にも簡単で、薬液などが安価なことや、1度に多数のウエーハを処理（バッチ処理）できることからコスト的にも有利です。エッチングは対象物を腐食させるとき、等方性（どの方向にも同じ寸法だけ腐食が進行する）ため、実際は図2-4のようにエッチングされるわけではなく、図2-5に示すようにレジストの下側を回り込むような形状に加工（サイドエッチングまたはアンダーカット）されます。すなわち、深さ方向（d）と横方向（s）にエッチングが進行します。一般的にエッチング速度という場合、深さ方向のエッチング速度を表します[3]。

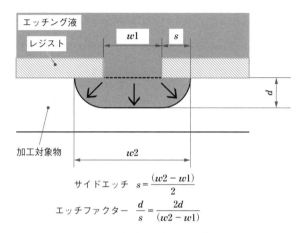

$$\text{サイドエッチ} \quad s = \frac{(w2 - w1)}{2}$$

$$\text{エッチファクター} \quad \frac{d}{s} = \frac{2d}{(w2 - w1)}$$

図2-5 ● ウェットエッチングにおける加工断面形状
（出所：筆者）

[2] ドライエッチング

　ドライエッチングは、液体の薬品を使わずに対象加工物の腐食を行います。薬液の代わりにガスやプラズマ、イオンまたは光などにより、気相－固相界面の化学的または物理的反応を利用します。一般的にドライエッチングは、プラズマ励起によって生成された活性種（ラジカル）とイオンを用いたエッチングです。

　ラジカルを用いたものをプラズマエッチングといい、高い選択加工性を有しています。基板へのダメージは少ないのですが、このエッチング方法も等方性があるため、微細加工には向きません。一方、方向性を有する反応性イオン種を用いてエッチングを行う方法を、反応性イオンエッチング（RIE：Reactive Ion Etching）といいます。基板へのダメージはプラズマエッチングよりも大きくなります。

　このフォトリソ工程が終了すると、最終的な電極形成を行います

（パッケージ搭載時のリードフレームと接続する）。ここまでが半導体の前工程で、半導体そのものを作る意味では、Jisso0 次レベルに相当します。ウエーハレベルのパッケージ再配線を行わず、半導体パッケージ（樹脂封止）するものは、ウエーハ状態で検査を行います。

2.3　ウエーハレベル再配線

　最近ではこのウエーハプロセス工程内で、周辺に設けた電極上に、基板に直接実装するバンプと呼ぶ接続電極の形成までを行うものがあります。古くから行われているのが、フリップチップボンディング（Flip Chip Bonding、以下 FC 実装）[*5] のための電極形成です。一般的なアルミニウム（Al）電極部分に UBM（Under Bump Metal）層を積層後、はんだボールを形成するものが一般的です。バンプによる FC 実装としては、米 IBM が開発した C4（Controlled Collapse Chip Connection）が有名です。この FC 実装用のバンプを搭載した形態は、基本的には外部との接続電極がチップの周辺に配置されています。そこにバンプ形成を行ったものであり、チップ上での再配線を改めて行っていません（図2-6）。

　その後、CSP（Chip Scale Package または Chip Size Package）の概念が提案されました。各デバイスチップ内に基板との接続電極を面配置させるために、デバイス素子の形成面上に再配線層を形成し、BGAパッケージのバンプ配置と同じように接続電極を配置しています（図2-7）。この目的は、基板側の配線技術が、半導体デバイスの微細配線

第2章

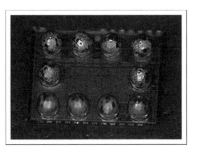

図 2-6 ● フリップチップボンディング用半導体チップ
チップ周辺に接続用はんだバンプを形成（再配線なし）。
（出所：筆者）

図 2-7 ● 再配線したバンプ配置による CSP チップ
周辺に配置した電極から接続用はんだバンプまで再配線されている。
（出所：筆者）

技術と大きく違うために、デバイスチップ側で搭載する配線基板の配線
ルールに合わせるためです。チップ表面にポリイミドの絶縁層を形成
し、その上に Cu めっきで配線パターンを構成し、接続用バンプを形成
して CSP パッケージを作ります。

＊5 フリップチップボンディング　フェースダウンボンディング（face down bonding）
で接続する実装方法の 1 つです。フェースダウンボンディングには、ここで触れたフリップ
チップボンディングの他、TAB（Tape Automated Bonding）技術による実装やビーム
リードボンディング手法があります。いずれも半導体素子のボンディングパッドにバンプ
やリードビームを形成し、半導体チップの素子面（face）を下に向けて、基板の導体層に直

接接続する方法です。狭義のフェースダウンボンディングは、フリップチップボンディングを意味します。

参考文献

1) SEMI, イラストで分かる半導体製造工程,
   https://www.semijapanwfd.org/manufacturing_process.html.

2) 西久保靖彦, 『よくわかる最新半導体の基本と仕組み』, 秀和システム, pp.161-162.

3) ハイブリッドマイクロエレクトロニクス協会編, 『エレクトロニクス実装技術基礎講座 第3巻 膜回路形成技術』, 工業調査会, pp.252-254, 1994年.

第 **3** 章

Jisso2次レベル(半導体パッケージ)の概要と実際

Jisso2次レベル(半導体パッケージ)の概要と実際

　本章で扱うのは、Jisso2次レベルで囲んだ「ダイシング」→「マウント（ダイボンディング）」→「ワイヤボンディング（wire bonding；ボンディング）」→「樹脂封止（resin encapsulation)」→「最終検査（final test)」の工程となります。

3.1　半導体製造後工程の概要

　高速で大量のセンシングデータを処理するために、大容量のメモリーやそのデータを高速処理可能な専用プロセッサー、汎用的な CPU（Central Processing Unit）などを1パッケージにした半導体が使用されます。各半導体チップはそれぞれ製造プロセスが異なるので、それぞれに最適な製造プロセスで作られた各チップを、パッケージ上で1つにまとめて供給します。

　SiP（System in a Package；複数のLSIチップを1つのパッケージ内に封止した半導体）供給メーカーは、ウエーハを薄く削り、各チップを積層構造にしながらパッケージの厚さを薄くする方法を使います。これにより、最近のウエーハの厚さは、25〜50μm になっています。そこで、このウエーハ裏面を薄く削るバックグラインド（BG：Back Grind）技術についても触れておきます。

　ダイシングは、ウエーハ状態の半導体デバイスを個片化することです。現在はダイシングソーによるフルカット方式が主流になっています。

　次に、個片化した各半導体チップを、リードフレーム（lead frame）[*1] と呼ぶ金属の台座上に接合固定します。この接合の方法は、金属接合と樹脂接着の方法の2種に分かれます。前者は主にパワーデバイスのリードフレームへのデバイス固定接合に、後者は主に一般的な半導体ICチップのリードフレームへの固定接着に用いられます。

　ここでチップを搭載するリードフレームは、プリント配線板や放熱板などへ固定するための機能があります。ICデバイスのパッケージでは、基板との接続のための各電極が設けられており、この電極の形状によって、さまざまなパッケージ形状が提案されています。チップの固定されたリードフレームは、一般的に帯状金属に形成されて連続的に並んでいます。この状態で樹脂封止の工程に入ります。

　樹脂封止された後は、隣り合うリードフレーム同士がつながっている

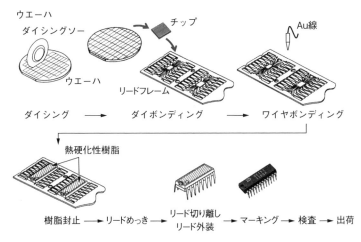

図 3-1 ● 半導体後工程のイメージ
（出所：筆者）

部分を切り落とすことで、1つひとつの部品とします。この状態で最終
出荷前の検査（出荷検査）を行います。そして、良品に対しては、パッ
ケージ表面に品名やロット番号などを印字します（図3-1、p.55）。

*1 リードフレーム リードフレームは樹脂封止パッケージにおいて、IC チップを支持固定
して、IC チップの電極部から実装基板上の接続電極までを、電気的に接続する役目を持ち
ます。樹脂封止パッケージは IC チップを保持し、外部からの湿度、放射線などから保護し
ます。リードフレームは枠状の金属シートでできていて、複数個のパターンが連結されてい
います。リードフレームの通常のパターンは、ダイパッド（IC チップを搭載する部分）、イ
ンナーリード（IC チップと電気的接続を行う）、アウターリード（実装基板との接続を行
う）、ダムバー（アウターリードを連結し樹脂封止の際にリード間への樹脂封止の侵入を防
止する役目を持つ）、レール（これまでの各部を保持し、組み立て工程において搬送治具の
役割をする）ならびにパイロットホール（組み立て、樹脂封止の際の位置決め穴）から構成
されています（図3-A）。大量生産に適しており、リードフレーム材料費も安いことから、
IC パッケージの主流となっています。

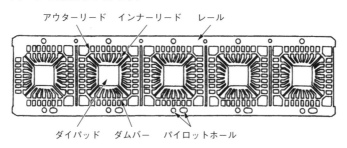

図3-A ●QFP のリードフレーム例
（出所：筆者）

3.2 バックグラインド（BG）技術

　ウエーハを薄く削っていくと、ウエーハはまず反り始めます。さらに
薄く削ると、紙のように柔らかくしなやかに変形します。ウエーハが薄
くなることで、工程順序を入れ替えることも行われています。すなわ

ち、ウエーハ状態の加工が全て終わってからウエーハ検査を行っていたのですが、ウエーハが薄くなるとハンドリングが難しくなります。そこで、バックグラインド（BG）を行う前にウエーハ検査をするようになりました[1]。

BG を行うためにはあらかじめ BG テープをウエーハに貼り付けます。SiP などに用いるために $100\mu m$ 以下に削る場合には、$200\mu m$ 以上の厚さの BG テープを貼り付けます。BG の方法には、クリープフィード方式とインフィード方式があります。

3.3 ダイシング (dicing) 技術

ダイシング（dicing）は、ウエーハを個々のチップに分割するために、ダイシングライン（チップ間の隙間）に切れ込みを入れることです[1]。ダイシングの方式には使用する装置によって、スクライブ方式とレーザー方式、ダイシングソー方式があります。ダイシングソー方式は、ブレード（金属円板の外周部にダイヤモンド砥粒を接着固定したもの）を高速回転させてウエーハ上に切削溝を形成します。この方式では、切削溝の深さを選択することが可能です。そのため、このダイシングソー方式が広く用いられています。

3.4 （ダイ）マウント (die mount) 工程

マウントはダイボンディング（die bonding）とも呼ばれます[2]。個片

化した半導体チップをリードフレームやパッケージ上に接着固定することです。その接合法には、大きく金属接合方式と樹脂接着方式があります。

　金属接合方式には、さらに共晶合金接合法（共晶系ダイボンディング）とはんだ接合法があります。樹脂接着方式は、さらにペーストダイボンディング法とフィルムダイボンディング法があります（**表3-1**）。

表3-1 ●ダイボンディング方式の比較
（出所：筆者）　　　　　　　　　　　　　　　　　　　　　　　　LF：Lead Frame

		金属接合		樹脂接着	
		共晶接合法	はんだ接合法	樹脂接着法	フィルム接着法
接合状態		Au-Sn共晶合金	はんだ	熱硬化樹脂接着	熱硬化樹脂接着 熱可塑樹脂接着
チップ裏面処理		なし/Au蒸着	Niめっき/Cu蒸着/Ni蒸着	なし	なし
LF表面処理		Au/Ag	Ni/Ag	Ag/Au	Ag/Au
ダイボンダー	ステージ温度	400-450［℃］	常温	常温	100-200［℃］
	雰囲気制御	N_2	空気	空気	空気
	材料供給	なし／テープ	プリフォーム	ディスペンス スタンピング	リボン状
	ボンディング方法	マウント＋熱圧着	マウント	マウント	マウント＋熱圧着
ボンディング後処理		なし	はんだリフロー N_2+H_2	キュア （空気/N_2）	なし キュア
長所		接触抵抗が低い 熱伝導良好	接触抵抗低い 熱伝導良好	常温プロセス 作業容易 安価	ボイドレス 薄チップ対応 厚み制御容易
短所		高温プロセス 高価 応力緩和性劣る	熱疲労劣化が大きい やや高価	耐熱性劣る ブリード・アウト ガスによる汚染 熱伝導性低い	設備に加熱機構必要 高価
用途		セラミックパッケージ プラスチックパッケージ	セラミックパッケージ プラスチックパッケージ	セラミックパッケージ プラスチックパッケージ	プラスチックパッケージ

　金属接合は強固で安定した接合層を形成できるため、接合部分の信頼性に重点を置く製品に適用されます。先に述べたように、金属材料で熱伝導性が良好であるため、大電流を流してリードフレームからの放熱が必要なパワーパッケージの実装に採用されています。

3.5　ワイヤボンディング（wire bonding）技術

　半導体チップ上の電極（ボンディングパッド）とパッケージリードフレームのリード間を、金属細線を用いて電気的に接続する方法です。ICやLSIなどは生産性の面から、金（Au）ワイヤボンディングによって接続されています[2]。

　パワーデバイスの場合は、自己発熱による温度変化を考慮し、接続信頼性を確保するためにボンディングパッド電極と同じアルミニウム（Al）線を用いてボンディングしています。さらに、最近ではチップの小型・大電流化のために、放熱性を考慮して銅（Cu）ワイヤあるいは幅広のリボンを用いて接続することも採用されています。

　ワイヤボンディングは、ボールボンディングとウェッジボンディングの２種類に分けられます。ボールボンディングは、最初に開発された熱圧着〔Thermo-Compression（TC）ボンディング〕方式と、1970年代に開発された超音波併用熱圧着〔Thermo-Sonic（TS）ボンディング〕方式にさらに分けられます。ウェッジボンディングは主に超音波〔Ultra-Sonic（US）ボンディング〕方式です（表3-2）。

表 3-2 ● 各種ワイヤボンディング方式の比較
（出所：筆者）

ボンディング形状	ボールボンディング		ウェッジボンディング
接合方式	熱圧着	超音波併用熱圧着	超音波
接合エネルギー	高荷重、熱	低荷重、熱、超音波	低荷重、超音波
ボンディング加熱温度	300-350［℃］	100-250［℃］	常温
ツール	キャピラリー	キャピラリー	ウェッジ
ワイヤ種	Au、Au 合金	Au、Au 合金	Al-Si など
メリット	パッドダメージ小 ループ方向自由	ボンディング時間短い ループ方向自由	常温接合できる 接合信頼性高い
デメリット	接合部劣化 樹脂基板使用不可	接合部劣化	ループ方向制約あり ボンディング時間長い

3.6 成形封止工程

　半導体パッケージには、プラスチックパッケージとセラミックパッケージ、メタルパッケージがあります[3]。セラミックパッケージとメタルパッケージは、気密封止パッケージとなっています。セラミックパッケージでは、低融点ガラスによる蓋部品の接合を行い、気密封止を行っています。内部は窒素ガスによる置換を行っている場合もあります。

　メタルパッケージでは、外部との接続のための金属端子と外部パッケージ金属の絶縁部分に、ガラスハーメチックシールを用います。ガラスは金属との熱膨張率を合わせた特殊な材料です。また、ベース側金属と蓋側金属にはシーム溶接が用いられます。これらのパッケージが使用される部品としては、高周波デバイスや光デバイス、センサーがあります。

　多くの半導体デバイスで用いられるのは、プラスチックパッケージで

す。成形方法としては、トランスファー成形が多く用いられています。それ以外にも最近では SiP パッケージ品には圧縮成形も用いられています。トランスファー成形プロセスを図3-2 に示します。

　トランスファー成形の場合、型内の樹脂流速が速いため、Au 線ボンディングの変形などを引き起こす可能性があります。その対策として、圧縮成形が使われる場合が増えてきました。樹脂流れ速度を抑え、ワイヤの変形を少なくするためです。

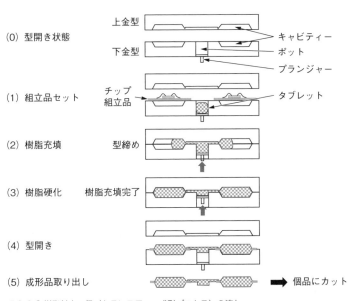

図3-2 ● 樹脂封止工程（トランスファー成形プロセス）の流れ
（出所：筆者）

3.7　各種の半導体パッケージ

　車載電子製品に搭載される半導体デバイスによく使用される半導体
パッケージを紹介しましょう。図3-3から図3-9まで、製品化された
時間順に示します。図3-3は、1970年代に開発されたアナログ制御の
燃料噴射制御装置です。アナログ制御故に、その代表素子はオペアンプ
というICでした。当時の半導体封止はこの図のように、金属ケースに
収められていました。

　図3-4は、エンジンのノック制御を行う製品です。パッケージは図
3-1で使われていたオペアンプICを樹脂封止してSIP（Single In-line
Package）としたものを使用しています。

　図3-5は、図3-1で示した燃料噴射制御をデジタル制御化したもの
です。製品写真の右上に4つ並んでいるのがマイコンとメモリーなどの

図3-3 ●車載エンジン制御ECU（アナログ燃料噴射）
丸い金属ケースはオペアンプIC（複数）。
（出所：筆者）

周辺 IC のパッケージです。そのため、パッケージの両側に足を出す DIP（Dual Inline Package）が作られました。配線基板に穴を開けずに表面に貼り付ける形の表面実装技術（SMT：Surface Mounting

図 3-4 ● 車載電子製品（アナログ）
上に並んでいるのが SIP パッケージ（3 個）。
（出所：筆者）

図 3-5 ● 車載エンジン制御 ECU（デジタル）
右上に並んでいるのが DIP パッケージ（複数）。
（出所：筆者）

Technology）が開発されました。それに対応した半導体パッケージが
求められ、DIP は SOP（Small Outline Package）に進化しました。

　図3-6 は、電子部品を SMD（Surface Mounting Device）とした製
品例です。多ピンの半導体パッケージはマイコンなどが中心で、QFJ
（Quad Flat J-leaded Package）が作られました。このパッケージの端
子はパッケージ内側に「J」字形状に曲がっています。この形状が、はん
だ付け部に加わるせん断ひずみを緩和する効果があり、セラミック基板
へ搭載した例もあります。図3-7 は、その製品例を示します。一層の
多ピン化に対応するために、QFP（Quad Flat Package）が開発されま
した。

　図3-8 は、QFP を採用したエンジン制御 ECU の例です。このパッ
ケージは、民生品分野での製品の薄型化にも対応しやすく、車載製品を
含めて広く使用されるようになりました。自動車用に使われるマイコン
も多ピンのパッケージが求められるようになりました。そこで、BGA

図3-6 ● 車載電子制御 ECU（デジタル）
真ん中辺りに並んでいるのが SOP パッケージ（複数）。
（出所：筆者）

（Ball Grid Array）パッケージが開発されました。エンジン制御 ECU でも、使用するマイコンの性能向上に伴って BGA パッケージ品を採用しています。図 3-9 は、BGA パッケージのマイコンを搭載した製品例です。

図 3-7 ● 車載電子制御 ECU（デジタル）
丸内が QFJ（PLCC）パッケージ、回路基板はセラミック基板。
（出所：筆者）

図 3-8 ● 車載エンジン制御 ECU
丸内が QFP パッケージ（3 個）。
（出所：筆者）

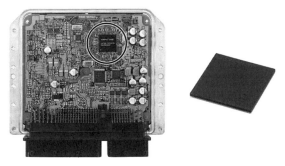

図 3-9 ● 車載エンジン制御 ECU
丸内が BGA パッケージ。
（出所：筆者）

3.7.1　半導体パッケージの分類

　ここで紹介するパッケージは、個々の半導体チップを単一のパッケージにする SCP（Single Chip Package）とします。1つのパッケージ内に複数の半導体チップを内蔵するパッケージについては別途説明します。パッケージに使用される材質から分類すると、［1］プラスチックパッケージと［2］セラミックパッケージに大別できます。

［1］プラスチックパッケージ

　プラスチックパッケージは、主にエポキシ樹脂によって半導体を封止するパッケージです。材料が安価で大量生産に向くため、広く使用されています。以前は、内蔵できる半導体の発熱量に制限がありましたが、放熱板を内蔵したヒートシンク付きパッケージなどが開発され、インテリジェントパワーデバイスのパッケージにも使用されています。

［2］セラミックパッケージ

　セラミックパッケージは、アルミナセラミックスを一般的に用いま

す。アルミナセラミックスは熱伝導率が大きいことから、搭載回路の発熱量が大きい場合に使用されてきました。特に、積層の多層化が容易にできるため、配線密度を高めて高集積小型パッケージで高放熱を実現できます。また、セラミックパッケージは気密性も良く、高信頼性を必要とする場合に用いられています。ただし、材料が高価で現在では限定的に使用されています。

　もう1つの分類は、実装形態による分類です。すなわち、配線基板にどのように実装するかによって分類します。[1] リード端子挿入型パッケージと [2] 表面実装型パッケージがあります。

[1] リード端子挿入型パッケージ

　リード端子挿入型パッケージは、実装基板にスルーホールを開け、そこにパッケージの外部端子を挿入した後、基板と外部端子をはんだフロー槽に浸漬して、はんだで固定するものです。基板側はスルーホールを開けるため基板の多層化が難しく、高密度実装がしにくい面があります。

[2] 表面実装型パッケージ

　表面実装型パッケージは、リード端子挿入型のパッケージにおけるリード部分の形状を、表面実装技術（SMT：Surface Mounting Technology）に適応させたものです。端子の並び方から2種類に分けられます。パッケージの周辺にリードが端子を有する周辺端子型（peripheral lead type）と、パッケージの片面全体に接続端子を有するエリアアレイ端子型（area array lead type）です。

　表3-3に、車載電子製品によく使われるようになった半導体パッ

表 3-3 ● 車載電子製品に主に使われる半導体パッケージ
（出所：筆者）

実装形態	端子配列	端子形状	パッケージ名称
リード 挿入実装	周辺	平板型	SIP　　DIP
	エリア アレイ	丸ピン型	PGA
表面実装		ガルウィング	SOP　　QFP
		J字型	QFJ
		端子レス	QFN
	エリア アレイ	（はんだ） ボール	BGA

　ケージを、これまで述べた実装形態や端子配列、端子形状で整理して示
します。この表では、縦方向の同じ列に並んでいるものが同じ端子配列
のグループで、リード挿入実装と表面実装によるパッケージ形状の変化
を表しています。例えば、「DIP」→「SOP」、「PGA」→「BGA」の
関係です。また、表3-3の同じ行内では、パッケージ端子数の増加に
対応した形状変化を表しています。例えば、「SIP」→「DIP」、「SOP」
→「QFP」の関係です。

参考文献

1) 赤沢隆、『SiP技術のすべて』、工業調査会、pp.140-164、2005年。

2) 井原惇行、益田昭彦、『最新電子部品・デバイス実装技術便覧』、R&D プランニング、pp.1093-1094、2002年。

3) TOWA、樹脂成形技術、https://www.towajapan.co.jp/jp/technology/molding/

第 **4** 章

Jisso3次レベル（プリント配線板搭載）の概要と実際

4.1　プリント配線板への実装

　本章では、半導体チップなどの能動部品だけではなく、抵抗やコンデンサー（本来はキャパシターと呼ぶべきです）などの受動部品を含めて、回路基板上に搭載される部品や、基板への実装方法を説明します。

4.2　小型化を目指す実装技術

　小型化を実現するためには、能動部品におけるパッケージを小さくすること、あるいはパッケージを廃して半導体チップそのものを直接配線板上に搭載する方法（ベアチップ実装）が考えられます。受動部品などの回路搭載部品の小型化も同じ考え方です。

　一方で、配線板上に回路部品を搭載する方法の見直しで、小型化を実現することも考えられます。1つは、部品の小型化に合わせてプリント配線板の配線密度を高めていくことです。また、部品搭載の方法として、部品の上にさらに部品を搭載するPoP（Package on Package）技術の採用も考えられます。さらに、配線板内の空間（空きスペース）を利用し、能動部品や受動部品などを埋め込む（部品内蔵）技術を採用する方法もあります。

　まとめると、1つの方向は、基板平面上での高密度実装の追求です。

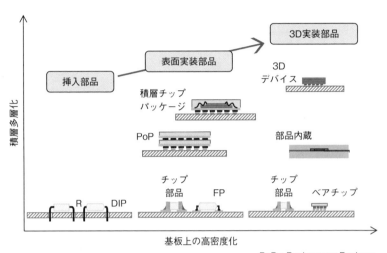

図 4-1 ● 高密度実装化への取り組み
（出所：筆者）

PoP：Package on Package
FP：Flat Package

もう1つの方向は、部品を積層することによる高さ方向の利用です（図4-1）。

4.3 回路部品

　プリント配線板上に実装する電子部品について、機能で分類して整理しておきます[2]。一般に電子機器は、電子回路基板とメカニカル部品で構成されます。電子回路基板は、プリント配線板上に回路部品を搭載し、はんだなどで電気的、機械的に接続した状態のものです（図4-2）。

　電子部品は一般に、受動部品や能動部品（本書の表現では半導体部品）と呼ばれるものから、機能部品や接続部品、モジュール部品、さら

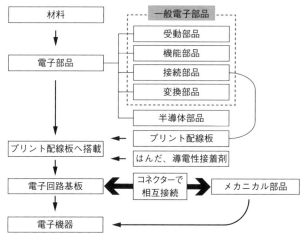

図 4-2 ●電子機器を構成する部品の関係
（出所：筆者）

には機電一体製品と呼ばれるアクチュエーター一体型製品のエネルギー変換を行う変換部品であるモーターやソレノイド、センサーなども含みます。表 4-1 はその一覧を示します。

　この機能分類は、部品の入力信号と出力信号の特性の関係に着目して整理しています。抵抗やコンデンサーなどの受動部品は、入力信号の特性に変化を与えない部品です。水晶振動子などの機能部品は、入力信号の周波数や時間軸を変化させる部品です。スイッチやコネクターならびにプリント配線板などの接続部品は、部品や回路、機器間の電気的な接続や切断、切り替えを行う部品です。センサーや、制御の対象となる各種アクチュエーターの変換部品は、入力信号を異なるエネルギーの形式に変換する部品です。半導体部品は、入力信号の増幅や制御、記憶などの能動的な機能を持った部品です。その中で、モジュール部品は半導体

表 4-1 ● 電子部品の機能別分類
（出所：筆者）

部品の種類		機能	具体的な例
一般電子部品	受動部品	入力信号の特性が変わらず、電圧電流を制御する。	抵抗、コンデンサーなど
	機能部品	周波数、時間軸などの入力信号の特性を変化させる。	水晶振動子、LCフィルターなど
	接続部品	部品、回路、機器相互間の信号の接続、切替などを行う。	スイッチ、コネクター、プリント配線板など
	変換部品	入力信号を異なるエネルギー系に変換する。	モーター、リレー、各種センサーなど
半導体部品	個別半導体	入力信号の増幅、制御、記憶など能動的な機能を持つ。素子が1つのもの。	トランジスタ、ダイオード、LEDなど
	集積回路	個別半導体素子を複数集積化し、一体化したもの。	アナログ IC、マイコンなど
	モジュール部品	能動素子、受動素子、膜素子などをプリント配線板上に集積して、能動的な機能を持つもの。	厚膜ハイブリッド IC、MCM（マルチチップモジュール）など

部品と電子部品を含めて、1つのプリント配線板上に集積したものです。

　電子部品の分類として、機能ではなく実装上の形状から整理することもできます。図 4-3 は、電子部品を実装上の形状から分類したものを示します。実装形態として挿入方式と、プリント配線板上に載せるだけの表面実装方式に大別できます。半導体チップをパッケージに入れずにそのまま実装するベアチップ実装もあります。

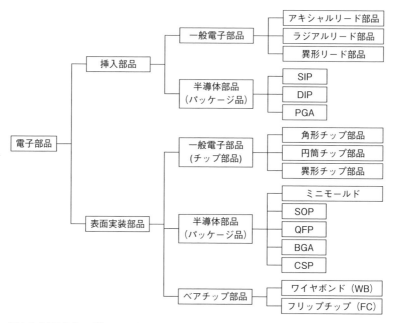

図 4-3 ●電子部品の形状による分類
（出所：筆者）

4.4　実装方式

　　プリント配線板への実装方式は、3つに分かれます[3]。挿入実装プロセスと表面実装プロセス、そしてそれらの両方を行う混載実装プロセスです。

4.4.1　挿入実装プロセス

　　挿入実装とは、リード付き部品をプリント配線板の穴（スルーホー

ル）に挿入し、部品のリードとプリント配線板のスルーホールの周囲の接続ランドとをはんだ付けする実装形態です。フローはんだ付け方式を用います。挿入実装プロセスを図4-4に示します。自動挿入機が開発されて部品実装の自動化が可能となりました。部品供給を自動化できない異形部品などの特殊形状品は、自動挿入の後で人手により挿入搭載しています。フローはんだ付けによる方法では、部品のリード部だけが直接加熱されるので、部品への熱の影響は少なくなります。基本的には片面実装であり、実装密度はあまり高められません。

　具体的な実装製品例を図4-5に示します。この製品では、図4-5（a）は部品を全て手で挿入しています。図4-5（b）は自動挿入機によ

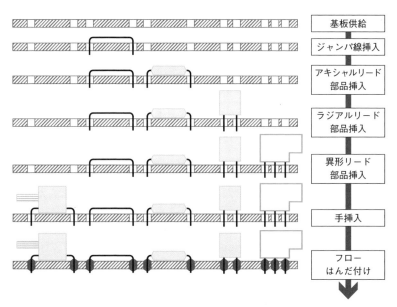

図4-4 ●挿入実装プロセス
（出所：筆者）

（a）手挿入による実装例　　　　（b）自動挿入機による実装例

図 4-5 ● 挿入実装による組み立て製品例
（出所：筆者）

り実装しています。

　部品挿入後は、はんだ付け面側にあらかじめフラックス塗布を行います。フラックス塗布の後は、引き続きフローはんだ付け（flow soldering）を行います。フローはんだ付けは、本来はんだを溶かしたはんだ槽にプリント配線板のはんだ付け面を接触させ、各電子部品と基板の接続ランドをはんだ付けします。はんだ付けは、はんだの温度とはんだ面への接触進入角度ならびにはんだ面からの引き離し速度が、はんだ付け部の品質に大きく影響します。自動化したフローはんだ付け装置は、噴流はんだ付け（wave soldering）の方式が主流です。噴流はんだ槽は、溶融したはんだを槽内のプロペラ上のポンプをモーターによって回転させ、はんだを噴き上げます（図 4-6）。

　噴流はんだ付けは、ソルダーペーストを使用するリフローはんだ付け

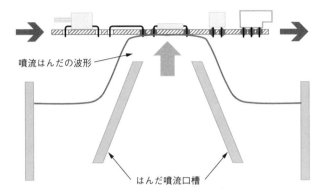

噴流はんだの波形

はんだ噴流口槽

図 4-6 ● 噴流はんだ槽の構造
（出所：筆者）

と比較すると、以下のような特徴があります。

［1］高密度実装への対応が難しい（ランド間隔が狭くなると隣接ランド
　　とブリッジしやすくなる）。

［2］優れた一括はんだ付け方法。

①加熱とはんだ供給が同時に行われ工程が簡素。

②溶融はんだ金属の接触（部品のリード端子部と基板接続ランド）によ
　り加熱されるため、熱伝導性が高く、対象はんだ付け部品の加熱むら
　が少ない。

③はんだ付けに必要な時間が短い。

④はんだ付け面だけの選択的な加熱なので耐熱性の低い部品も搭載可能。

4.4.2　表面実装プロセス

　表面実装とは、プリント配線板の表面に設けられた接続パッド上には
んだペーストを印刷し、その上に角型チップ部品の電極や QFP（Quad

Flat Package）などのパッケージ品のリードを装着搭載してはんだ付け
をする実装形態です。リフローはんだ付けを用いるのが基本です。

　表面実装プロセスには、プリント配線板の片面だけを使う片面実装
と、表裏面を使う両面実装の2種類があります。表面実装プロセスを図
4-7（片面表面実装）と図4-8（両面表面実装）に示します。全体の流
れは、基板供給、はんだ印刷、表面実装部品搭載（表面実装部品装着）
ならびにリフローはんだ付けです。そのために必要となる装置は、挿入
実装プロセスに対して、はんだ印刷機が必要になります。部品自動挿入
機に対して部品装着機（parts placing equipement）、フローはんだ付
け装置に対してリフロー炉が必要です。

　まず、片面表面実装プロセスの流れを図4-7に従って説明します。

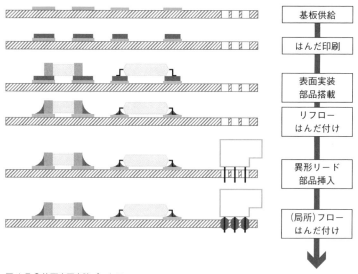

図4-7 ●片面表面実装プロセス
（出所：筆者）

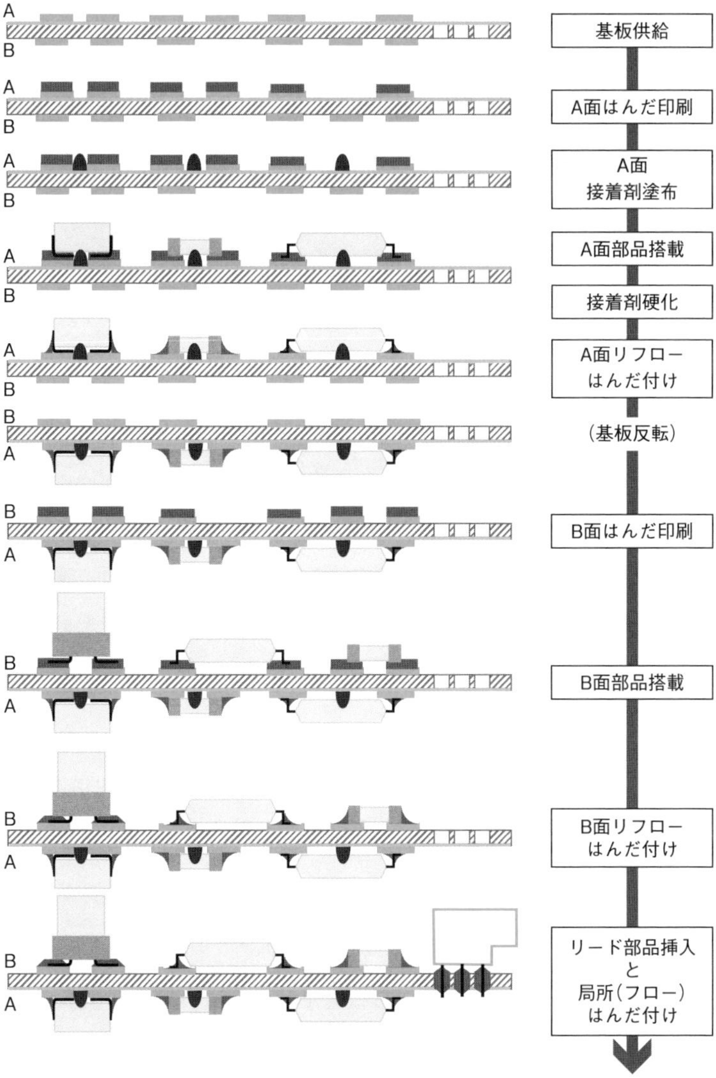

工程図	工程名
A / B	基板供給
A / B	A面はんだ印刷
A / B	A面 接着剤塗布
A / B	A面部品搭載
	接着剤硬化
A / B	A面リフロー はんだ付け
B / A	（基板反転）
B / A	B面はんだ印刷
B / A	B面部品搭載
B / A	B面リフロー はんだ付け
B / A	リード部品挿入 と 局所（フロー） はんだ付け

（注）図中の基板A面側の緑色の線は基板面側を分かりやすくするために入れました。

図 4-8 ●両面表面実装プロセス
（出所：筆者）

基板供給装置から送り出された基板は、基板表面を清浄化し、印刷マスクを使ってはんだ印刷を行います。続いて、部品搭載機（通称チップマウンター）で、基板上に装着していきます。その後、リフロー炉で加熱しはんだ付けを行います。自動車用電子製品では、外部との接続用のコネクターがある製品があります。そのコネクターが表面実装タイプでない場合は、最後にコネクターを貫通スルーホールに挿入します。

　次に、図 4-8 で両面表面実装プロセスの流れを説明します。両面実装を行う場合、基板の片側をはんだ付けしてから、反対面に対して片面表面実装するプロセスを行います。図 4-8 では、最初に表面実装する面を A 面として説明します。まず、A 面にはんだ印刷を行います。その後、部品の脱落防止のために表面実装部品位置に接着剤塗布を行います。工程の説明に戻って A 面に全ての部品を装着後、接着剤の硬化を行います。通常、接着剤は UV（紫外線）硬化タイプを使用します。その後、リフローはんだ付けを行います。これで A 面の表面実装が完成します。続いて、基板を反転し、B 面に対して同じように表面実装を行います。この際は、接着剤の塗布は不要です。同じ手順ではんだ印刷、小型部品装着、大型・異形部品装着後、リフローをはんだ付けします。

　このように、表面実装プロセスは挿入実装プロセスとは異なり、スルーホールを設けずにはんだ付けを行うため、プリント配線板の両面に電子部品を実装でき、その上さらに電子部品を狭い間隔で実装できます。従って、挿入実装プロセス以上に高密度実装が可能なります。図 4-9 に表面実装製品の例を示します。

 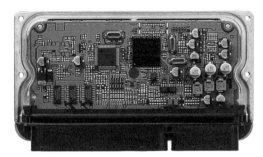

片面実装　　　　　　　　　　両面実装

図 4-9 ●表面実装製品の例
（出所：筆者）

4.4.3　混載実装プロセス

　混載実装プロセスは、これまで述べた挿入実装プロセスと表面実装プ
ロセスの両方を1枚のプリント配線板で行うものです。既に両方のプロ
セスの流れは説明したので、図4-10に混載実装プロセスの流れを示し
ます。混載実装プロセスにも表面実装プロセスと同様に、片面混載実装
と両面混載実装があります。

　片面混載実装は、図4-10の流れの中で基板供給から始めてA面の
表面実装を行わず、A面側からの部品挿入〔部品挿入の順序は図4-4
（p.75）の挿入実装プロセスを参照〕し、基板を反転してB面への接着
剤塗布を行います。こうしてB面への部品搭載を行い、接着剤を硬化さ
せて、フローはんだ付けを行います。

　両面混載実装は、図4-10に示した通りです。混載両面実装では、最
後にフローはんだ付けを行うことを考慮し、フローはんだ付け面と反対
面（図4-10ではA面）に最初に表面実装部品の装着を行い、リフロー

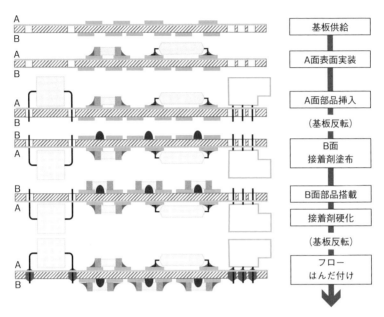

図 4-10 ● 混載実装プロセス
（出所：筆者）

（a）初期の混載実装製品例

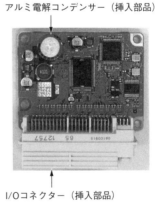

アルミ電解コンデンサー（挿入部品）

I/Oコネクター（挿入部品）

（b）大型部品のみの混載実装製品例

図 4-11 ● 混載実装製品例
（出所：筆者）

はんだ付けを実行します。車載電子製品では、大型のアルミ電解コンデンサーやフィルムコンデンサー、コイルを搭載するので、混載実装プロセスを採用しています。その代表例は、エンジン制御電子制御ユニット（ECU）で、ガソリン直噴制御やディーゼルエンジン制御を行う製品です（図4-11）。

4.5 能動部品実装

半導体をプリント配線板上に実装する場合として、1個の半導体をパッケージしたシングルチップパッケージ（SCP：Single Chip Package）、複数個の半導体をパッケージしたマルチチップパッケージ（MCP：Multi Chip Package）ならびにパッケージしない半導体そのものであるベアチップ（bare chip）を実装する場合があります。

4.5.1 シングルチップパッケージの実装

シングルチップパッケージ部品の基板上への実装では、その部品の大きさと端子の多さから、まずはんだ供給の精度が重要です。スクリーン印刷によるはんだ供給では、端子ピッチの微細化により、基板ランドに対する位置精度が厳しくなっています。また、端子ピッチの微細化は基板側ランドサイズが小さくなるため、供給するはんだ量の精度も厳しくなっています。そのため、一般にはんだ供給量が過多とならないように、スクリーンマスクを薄くする傾向にあります。

4.5.2 マルチチップパッケージの実装

MCP を考える場合、マルチチップモジュール（MCM：Multi Chip Module）と呼ばれるものがあります。MCP では、パッケージ形態は SCP の実装と同じ形態なので、注意すべき点も同じです。

最近の MCM として、パッケージオンパッケージ（PoP：Package on Package、図 4-12）されたモジュール形態をマザーボードに実装することも行われています。この際にも、フリップチップ（FC）実装したパッケージにおけるはんだ再溶融と同じことが、パッケージ部のはんだボールについても発生する恐れがあり、注意が必要です。

図 4-12 ● PoP の実装
（出所：筆者）

4.5.3 ベアチップ実装（フリップチップ実装）

プリント配線板上に直接ベアチップを搭載する実装を、ベアチップ実装と呼びます[1]。プリント配線板上に実装する手法と、あらかじめ半導体チップ側にはんだバンプ〔BGA パッケージの接続電極の場合は、はんだボールと呼びますが、このはんだバンプは、その直径がはんだボールの直径（約 300μm 前後）に比べてかなり小さくなります。約 50μm 前後のものもあります〕を形成し、このはんだボールと基板側接続ラン

ドをはんだ付けする FC ボンディング（FCB）の手法があります。両方をまとめてチップオンボード（COB：Chip On Board）実装といいます。

フリップチップボンディングの基本プロセスは、バンプ形成プロセスと基板上へのボンディングプロセスの2つがあります。バンプ形成プロセスでは、半導体ウエーハあるいは個片チップ状態で、電極に接続用のバンプを形成します。バンプ部と基板の接合方式は、金属接合方式と接着接合方式があります。

FCBでは、チップ側バンプと基板側電極の接合を完了させ、チップ基板間の隙間にアンダーフィルと呼ぶ樹脂材料を流し込んで、バンプにかかるせん断応力を低減する構造を採用しています。図4-13にFCBの実装工程の流れを示します。アンダーフィル材のチップ−基板間の浸透は毛細管現象を利用します。図4-14に1辺が約10mmのチップをFCBした事例の断面写真を示します。

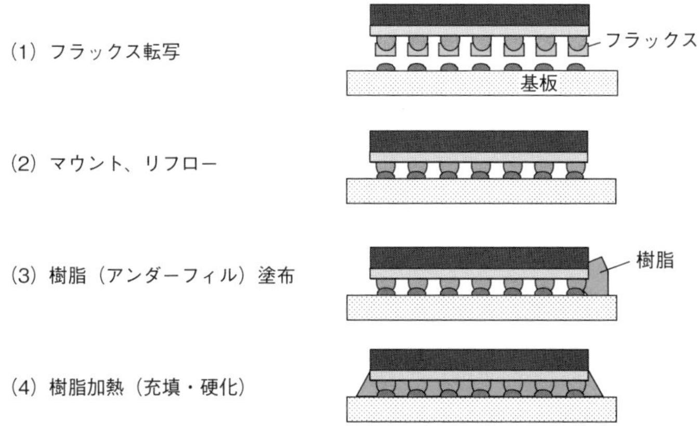

（1）フラックス転写　　　　　　　　　　　　　　　　フラックス
　　　　　　　　　　　　　　　　　　　　　　　　　　基板

（2）マウント、リフロー

（3）樹脂（アンダーフィル）塗布　　　　　　　　　　樹脂

（4）樹脂加熱（充填・硬化）

図4-13 ●FCB組み立て工程
（出所：筆者）

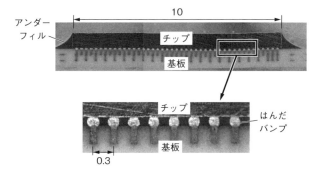

図 4-14 ● 10mm 角チップの FCB 例
（出所：筆者）

4.6 受動部品実装

　挿入部品の実装は、プリント配線板に設けた貫通スルーホールにその部品のリード端子を挿入し、一般にはフローはんだ付けします。しかし、表面実装部品を使った表面実装が多くなると、はんだ供給ならびに接合が2度必要な混載工程の簡素化を図る努力が行われました。これまでも例示してきたように、基板上への搭載部品でコネクターを除いた部品が全て表面実装部品になった場合、コネクターの接続のためだけにフローはんだ付けを行うと工数がかかります。そのため、コネクター接続部にもあらかじめはんだを供給しておいてからコネクターを貫通スルーホールに挿入し、他の表面実装部品と同時にリフローはんだ付けする工法が開発されました。また、コネクター接続のためにフローはんだ付けを行うことを廃止してしまう考え方もあります。その手法として、プレスフィット（PF：Press Fit）接続があります。

　挿入部品をリフローはんだ付けする方法を、スルーホールリフロー（through hole reflow）といいます。あらかじめスルーホール内にはんだペーストを押し込んで供給しておき、その後、コネクターの接続端子をはんだペースト部に挿入して、他の表面実装部品と同時に加熱してはんだ付けを行います。

　PF接続は、あらかじめ基板に設けた貫通するホール部に、その穴径よりわずかに大きい径を持つばね性を有する端子を圧入し、電気的接続を確立する方法です。そのため、従来のはんだ付け工程を省略でき、加工費の低減が期待できます（図4-15）。長期的には、工場によってはフローはんだ付け槽の設備が不要となり、そのメンテナンスまで含めた稼働費の低減も可能になります。自動車用電子製品では、海外系のエアバッグ制御ECUを中心にPF接続技術が採用されています（図4-16）。

　次に、表面実装に関しては搭載する部品の小型化が急激に進んでおり、接続部のはんだ量が少なくなっています。そのため、長寿命化の面

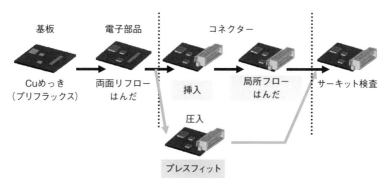

図4-15 ● PF接続の工程
（出所：筆者）

図4-16 ● PF端子コネクターを使用した例
（出所：筆者）

から非常に難しくなっていることに配慮する必要があります。一般の民生製品では、小型高密度実装はスマートフォンを中心に積極的に進められています。その技術として、フィレットレス（FL：Filet Less）はんだ接続があります（**図4-17**）。このFL接続は基板側の接続ランド面積を小さくでき、基板上への部品搭載率を高めることが可能です。

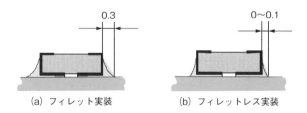

（a）フィレット実装　　　（b）フィレットレス実装

図4-17 ● はんだ付け部のフィレット形状の違い
（出所：筆者）

4.7 部品内蔵技術

　プリント配線板内に電子部品を内蔵する技術を、部品内蔵技術といいます。民生分野では、時計や携帯電話の基板に適用した例があります。部品内蔵の技術としては、図4-18に示すように広い意味での部品内蔵技術を定義しています。図4-18（b）に示す形態を狭義の部品内蔵基板とする場合もあります。この狭義の部品内蔵基板における内蔵部品と配線パターンの接続には、一般的なはんだ付けの方法と、部品電極上の絶縁樹脂基板にビアを開けて、そこに銅（Cu）めっきを行って部品電極と接続する方法があります〔図4-19（b）〕。

　ここでは、カーナビゲーション制御基板に部品内蔵技術を適用した例を紹介します。この事例では、部品と配線パターンとの接続は図4-19

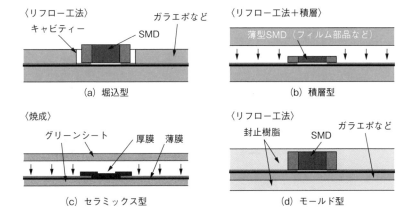

図4-18 ● 各種の部品内蔵構造
（出所：筆者）

（b）に類似したビア接続の方法です。この事例では、ビア接続部には、スズ（Sn）-銀（Ag）の焼結材料を埋め込み、積層工程で加圧加熱することで接続を行います（**図 4-20**）。実際の製品基板は、部品内蔵技術を採用することにより、基板内に 300 個程度の受動部品を埋め込んで、従来の製品基板サイズに対して面積で 50% 以上の小型化を実現しています（**表 4-2**）[5]。

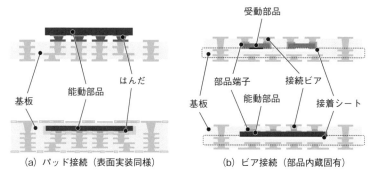

（a）パッド接続（表面実装同様）　（b）ビア接続（部品内蔵固有）

図 4-19 ● 内蔵部品とパターンの接続方法
（出所：筆者）

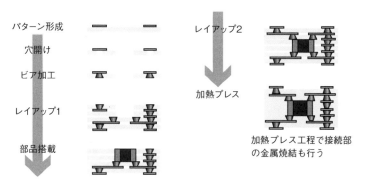

図 4-20 ● 一括プレスによる部品内蔵基板の製造工程
（出所：筆者）

表 4-2 ●部品内蔵構造による小型化効果
（出所：筆者）

		従来基板（1–4–1ビルドアップ）	部品内蔵基板
基板・実装仕様	層構造	 LVH／貫通ビア／IVH 表層のみファイン構造	 抵抗／ビア／コンデンサー 全層IVHファイン構造
	層数	6層	11層
	ビアピッチ	LVH：450［μm］、 IVH&貫通ビア：750［μm］	500［μm］
	部品ギャップ	0.5［mm］	0.3［mm］
	部品内蔵	なし	0603部品：300個内蔵
実装面積率		46［%］	101［%］ （内蔵部品除く：96［%］）
基板サイズ		 ←80→［mm］　130	 ←55→［mm］　90 小型化▲52［%］

4.8　はんだ材料とはんだ付け

4.8.1　はんだ付けの原理

　『半導体用語辞典』（日刊工業新聞社）に記載された、米国溶接協会によるはんだ付けの定義は次の通りです。「800 ℉（426 ℃）以下での金属接合のことをいう」。

　これまで紹介してきたように、はんだ付けの方法としては、フローはんだ付けとリフローはんだ付けがあります。そして、はんだ付けの際には、はんだと共にフラックスを使用します。フラックスは金属表面の酸

化膜除去や、加熱中における金属表面の酸化進行の防止、溶融はんだの表面張力を低下させるといった効果を持ち、はんだのなじみや広がりを助ける役割を果たします。

　2つの金属を接触させたときの様子を図4-21に示します。互いの金属表面は、金属酸化膜やコンタミネーションの被膜に覆われています。弱い力で2つの金属を接触させた場合には、この被膜の存在によって電気的接続は安定しません。金属同士を少しこすり合わせる（互いの表面をこすり合わせることを「表面を摺動させる」といいます）ことにより、この被膜が破壊されて移動することで、酸化していない金属表面が現れます。さらに、酸化していない金属表面同士を、力を加えて、互いの表面が酸化する前に酸素が介在しないように接触させることで、電気的に低抵抗な状態での接続を実現できます。

　2つの金属部分を電気的に接続する方法の原理は以上に述べた通りですが、電子回路の組み立てで各電子部品の電極部をこすり合わせて接合していては、接合に多くの時間がかかる上に、基板と部品の固定を行う手段も必要になります。そこで、はんだという材料が登場します。すなわち、はんだは、これまで述べた金属表面に形成されている絶縁性の被膜の除去と、除去したのちの金属表面の酸化進行防止、凹凸のある相互

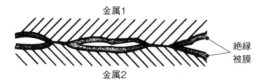

図4-21 ●接点断面の拡大図
（出所：筆者）

の金属表面間に浸透した広い面積による低抵抗での電気的接合と、機械的な接着位置固定の役割を持っています。最後の相互の金属表面間に浸透し、金属原子サイズのレベルで金属同士が接近して、金属材料内の自由電子を介して原子同士が引き合って結合（接合）させる役割は重要です。

　はんだ付けが完了するまでの流れを図4-22に従って説明します。①プリント配線板上に印刷されたはんだペーストが加熱されてフラックスが溶融、活性化します。②フラックスの作用で酸化被膜除去がされます。その後、溶融したはんだ材料が母材金属表面に濡れ広がります。③さらに反応が進み、はんだが母材金属と反応層を形成して、母材金属がはんだの中へ溶解・拡散し接合が完了します。

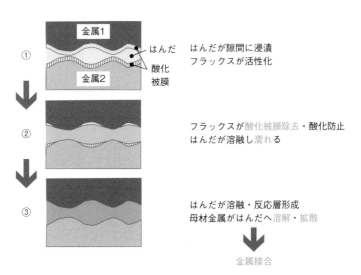

図4-22 ●はんだ付けが完了するまでの流れ
（出所：筆者）

4.8.2　はんだ材

　はんだ材料は、従来 Sn-鉛（Pb）合金および Sn-Pb はんだに第 3 元素を添加したはんだ合金と、Pb を含まない Sn ベースの合金が最近の規制動向で用いられています。

　Pb を含有するはんだは、車載向けには、Sn63Pb37（部品接合用）と Sn60Pb40（FC 実装用はんだボール）に用いられていました。他に、Sn-Pb はんだ合金に微量添加元素としてビスマス（Bi）や銀（Ag）を加えたはんだ材料もありますが、車載電子製品にはあまり使われませんでした。Bi ははんだの融点を低下させる効果があり、低温でのはんだ接合を行う目的で使用されました。主に民生製品で使用されています。しかし、Bi はもろい金属であり、はんだの接続寿命が短くなる傾向にあります。

　Ag はセラミック基板上の電子部品との接合に用いられていますが、Ag は高価であることから使用は限られています。また、パワーデバイスのはんだ付けには、これまで高融点はんだとして、Sn5Pb95 または Sn10Pb90 はんだ合金が使用されていました。

4.8.3　はんだ材料の特性

　はんだペーストは、150μm から 30μm の大きさの合金パウダー（最近では、0402 サイズさらには 0201 サイズチップ部品の実装に対応するために、20μm から 10μm 程度まで微粉化する傾向にあります）から成り、その合金パウダーにフラックスや溶剤と粘度を一定にするためのチキソ

トロピック剤を混ぜています。金属粒子径は、後に述べるはんだ印刷工程で使用する印刷マスク〔マスクにはワイヤ・スクリーン（主にセラミック基板のはんだ印刷に使用）とシート・メタル・マスク（樹脂基板のはんだ印刷に使用）の2種があります〕に適応するように選択します。はんだはマスク開口部から押し出されて基板に供給されます。そのため、はんだの金属粒子径は、マスクの開口寸法と密接に関連します。また、金属粒子径はマスクからのペーストの版抜け性にも影響を与えます。

　これまで述べたはんだ印刷工程におけるはんだ供給の状態をイメージしてください。マスク上に置かれたはんだペーストがスキージによってマスク上に押し広げられ、メタルマスクの開口部から、プリント配線板上に押し出されます。図4-23にはんだペースト印刷時のスキージの動きと、それに伴うはんだペーストのローリング（攪拌：かき混ぜること）の様子を示します。はんだペースト印刷では、スキージは加圧（印圧）によって印刷マスクを下側のプリント配線板に押し付けながら移動します。その際に、印刷マスクの開口部からはんだペーストをプリント配線

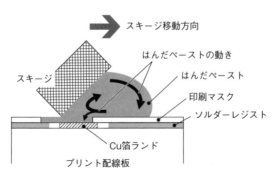

図4-23 ● はんだペースト印刷時のペーストの挙動
（出所：筆者）

板上の所定の箇所に一括塗布します。スキージの移動に伴ってペースト
がローリングすることで、ペーストは適切な粘度に保持されるように
なっています。はんだペーストは、広い範囲で安定した粘度を保つこと
が必要になります。

4.9　接着剤接続

　接着剤による接続は、さまざまなものがあります。導体配線材料とし
て用いられる導体パターン用（Ag）ペースト。プリント配線板の表裏
のスルーホールを埋めるビアホール充填用ペースト。ベアチップを
パッケージリードフレームに接着固定するダイボンディング用 Ag エポ
キシ接着剤。金属接合に対して樹脂接合となるはんだ代替接着剤。フ
リップチップ（FC）実装用の端子接合用の異方性導電接着剤。そして、
（はんだによって）FC 接続した場合に接合部分の寿命を確保するための
アンダーフィル用接着剤があります。

4.9.1　導体パターン用（Ag）ペースト

　導体パターン用ペーストは、セラミック基板の配線パターンとして、
早くから Ag 系ペーストが用いられています。ペースト内に含まれる
Ag フィラーはフレーク状になっています。この材料は、パターン形成
後に焼成炉にて焼成するため、強固な配線パターンを形成可能です。配
線の微細化に対応するために、Cu ペースト材料も使用されています。
　一方、低温焼成基板においては、1000 ℃以下での焼成に対応できる

Cu ペーストが継続的に用いられます。Cu ペーストを用いる配線システムでは、同時に基板上に形成する抵抗は、Ag ペースト系配線システムに用いる酸化ルテニウム（RuO_2；二酸化ルテニウム）とは異なり、ランタンボロン（LaB_6）系と酸化スズ（SnO_2）系材料を用います。

　樹脂基板の配線に用いられる配線導体は、低温での接合実装を想定した材料になっています。そのため、ベース樹脂はフェノール樹脂とポリエステル樹脂、ウレタン樹脂を用います。

4.9.2　ビアホール充填用ペースト

　ビアホール充填用ペーストは、エポキシ樹脂でできた多層プリント配線板の層間の接続スルーホール部を埋めるために用いられます（通常基板スルーホールは、スルーホールの内側に Cu めっきを施して電気的導通を確保するため、スルーホール内は中空状態です）。このスルーホールの充填には Cu 系ペーストが中心になっています。

　このスルーホールを埋める目的はいろいろあります。1つは、熱伝導性を高めるサーマルビアの形成をするためです。もう1つは、スタックドビア（層間スルーホール上に上下層間接続のためのビアホールを形成する）構造を実現するために、あらかじめ中空部分を埋めて、スタックドビアを形成しやすくするためです（図4-24）。

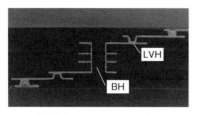

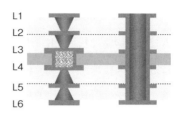

(a) 中空スルーホールの場合の
　　ビルドアップ基板

(b) 充填スルーホールの場合の
　　ビルドアップ基板

LVH：Laser Via Hole
BH：Blind Hole

図4-24 ● スタックドビアによる配線の高密度化
（出所：筆者）

4.9.3 ダイボンディング用 Ag エポキシ樹脂接着剤

　ダイボンディング用接着剤は、IC や水晶振動子などのベアチップを、各パッケージのリードフレームやパッケージに固定するために用いられます。用途により、導電性と絶縁性のものがあります。最近では、この接着剤に高い熱伝導性を持たせたものが求められるようになりました。また、高い温度でも安定した特性が求められるため、エポキシ樹脂をベースにした材料が多く使用されます。

4.9.4 はんだ代替接着剤

　はんだ代替として導電性接着剤が用いられるケースは、搭載部品の部品電極がはんだ付けに向かない場合、基板パターン電極材料と基板表面との密着強度が弱くてはんだ付けするとパターン剥がれを発生する場合、はんだ付けすると、はんだ接合部の寿命が製品の目標とする寿命を満足しない場合、ならびに採用部品の耐熱性が低く、低温での接続実装

が必要な場合、などです。

4.9.5 端子接合用の異方性導電接着剤

IC上に設けたバンプの間隔が狭い場合、個別に接合材料（はんだあるいは接着剤）を供給してバンプと基板パターンを接続することが難しくなります。そのため、横方向の絶縁性を確保しつつ、縦方向の導通を確保する接続材料が、この端子接合用の異方性導電接着剤（ACF：Anisotropic Conductive Film または ACP：Anisotropic Conductive Paste）です。ベースとなる樹脂材料中に導電性粒子（約2〜10μm）を均一分散させています（図4-25）。LCD のドライバーIC を LCD パネルの周囲に配置する形態の技術で主に普及しています。

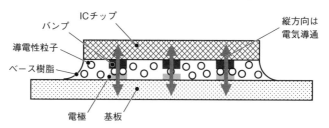

図4-25 ●異方性導電接着剤の接続状態
（出所：筆者）

4.9.6 アンダーフィル用接着剤

アンダーフィル接着剤（アンダーフィル材）は、半導体ベアチップのフリップチップボンディング（FCB）や、CSP（Chip Scale Package または Chip Size Package）や BGA（Ball Grid Array）パッケージなどの接続電極が、周辺（ペリフェラル）配置あるいは全面（エリア）配

置のパッケージを基板上に実装した際に、部品と基板間の接続バンプある
いはボール部分の周りを樹脂で充填するものです。これにより、接続
電極（バンプあるいはボール）の接続部の寿命を確保する役割を果たし
ます。

4.10　プリント配線板

　プリント配線板とは、読んで字のごとくプリント（印刷）した配線板
のことです[5]。プリント配線板上に電子部品を装着してはんだ付けする
だけで電子回路が出来上がります。プリント配線板は、①電気的接続配
線機能、②電子部品保持固定機能、③電子部品と配線間の絶縁確保機能
を兼ね備えていることが理解できます（図4-26）。また、プリント配
線板の製造工程を図4-27に示します。

4.10.1　プリント配線板の用語

　プリント配線板（PWB：Printed Wiring Board）とプリント回路板
（PCB：Printed Circuit Board）の両方は、区別なく使われている場合
が少なくありません。そこで、両者を改めて定義しておきます。プリン
ト配線板は、導体による配線を形成した板の状態です。プリント回路板
は、プリント配線板に電子部品を電気的に接続搭載した状態です（表
4-3）。

　次に、プリント配線板は電子部品を保持固定する機能がありますが、
この固定する板の材料の形態に応じて2種類に分けられます。すなわ

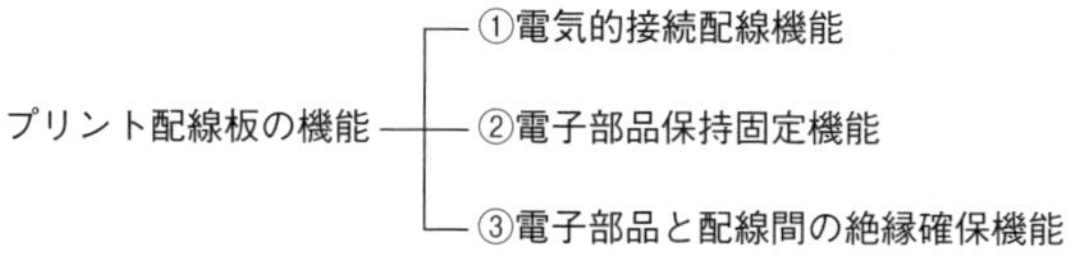

プリント配線板の機能

- ①電気的接続配線機能
- ②電子部品保持固定機能
- ③電子部品と配線間の絶縁確保機能

図4-26 ● プリント配線板の機能
（出所：筆者）

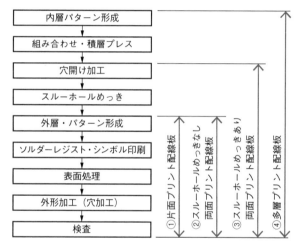

図4-27 ● プリント配線板の製造工程
（出所：筆者）

表4-3 ● 配線板と回路板の定義⑤
（出所：筆者）

プリント板	定義
プリント配線板 （PWB）	回路設計に基づいて、部品間を接続するために導体パターンを絶縁基板の表面または表面とその内部に、プリントによってプリント配線を形成した板。
プリント回路板 （PCB）	プリント配線とプリント部品および（または）搭載部品とから構成されるプリント回路を形成した板。

ち、硬質プリント配線板（RPC：Rigid Printed wiring board）とフレ
キシブルプリント配線板（FPC：Flexible Printed Circuit）です。ここ
で少しややこしいのが、フレキシブルプリント配線板の英語表記の最後
が board でなく circuit になっているところでしょう。フレキシブルプ
リント配線板の表記を硬質プリント配線板に合わせると Flexible
Printed wiring board になります。

4.10.2　基板の分類

　プリント配線板を製造される方法に基づいて分類すると次の2つに分
類できます。グラフィカル配線板（graphical interconnection board）
とディスクリートワイヤ配線板（discrete-wire interconnection
board）です。

　グラフィカル配線板は、通常プリント配線板と呼ばれるもののことで
す。アートワークという作業により、回路図から配線板上に物理的に形
成する回路配線パターンを設計します。この回路配線パターンを写真法
によってガラス板やフィルム上に形成します（アートワークマスターと
呼びます）。これを使い、基板上に実際に回路配線パターンを形成しま
す。また、最近ではこのアートワークマスターを用いずに、基板上の感
光材料に直接レーザー光でパターン像を描画する手法もあります。導入
時は、パターン変更の多い試作基板に適用されてきましたが、少量多品
種対応の量産基板にも適用されてきています。

　もう1つのディスクリートワイヤ配線板は、回路配線パターン形成の
ための画像転写工程を含みません。信号配線は、導体部を絶縁した銅線

を用いて、配線板上に直接形成します。銅線が絶縁されているので、配線の多層化の実現は自由度があって容易ですが、配線プロセスが逐次的なため、試作向きであって量産にはあまり適していません。

　基板材料で分類すると、有機系と無機系に分けられます。現在、一般民生品の市場では圧倒的に有機系材料の基板が使われています。

　また、基板の導体配線を行っている階層数での分類も可能です。一般に、プリント板の種類といった場合、この視点で分類説明している場合が多いと思います。その際に、最終的な基板の表裏をつなぐスルーホールという構造がありますが、このスルーホール内に表裏層を導通させるためのめっきを施しているか否かで区別すると、大きく分類できます。すなわち、スルーホールにめっきを行わないタイプで、片面板と両面板に細分化できます。スルーホールにめっきを行うタイプは、両面板と多層板に細分化できます。（図4-28）このめっき形成の方法に着目して基板を分類すると、図4-29に示すような分類ができます。

　その他、外観や用途、基板の作り方に応じてさまざまな基板がありますが、それら特徴を含めてまとめて、表4-4に整理しておきます。

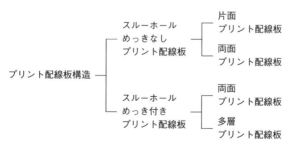

図 4-28 ● プリント配線板の構造による分類
（出所：筆者）

図 4-29 ● 高密度実装化
（出所：筆者）

表 4-4 ● 各種プリント配線板（その 1）
（出所：筆者）

種類	概要
リジッド配線板 (rigid printed wiring board)	リジッドとは硬質のこと、通常のプリント配線板のことです。略称として RPC と表現します。繊維に熱硬化樹脂を含浸させて硬化させた基材に電解銅箔を貼り合わせます。基板厚さは 1.6mm が標準でしたが、スマートフォンの普及に伴い基板の薄型化が進んでいます。自動車分野でも長らく 1.6mm 厚を用いていましたが、材料の入手性、耐振性設計技術の向上により 1.2mm 厚に移行しています。
フレキシブル配線板 (flexible printed wiring board)	略称として FPC（Flexible Printed Circuit）と表現します。絶縁性と可とう性を併せ持つ薄いベースフィルム表面に導電性の材料（主に銅箔）を密着（接着）形成します。ベースフィルムとしてポリイミド、ポリエステル、ガラス布基材エポキシ樹脂などが使われます。自動車用としては、メーターパネルの裏面配線基板として使われています。
フレックスリジッド 配線板 (flex-rigid printed wiring board)	リジッドプリント配線板とフレキシブルプリント配線板の 2 種の配線板を 1 つに統合したものが、フレックスリジッド配線板です。両者の長所を併せ持ちます。フレックス部とリジッド部の回路配線の電気的接続は、リジッド部のスルーホールで行います。自動車分野では、ナビゲーション制御回路基板やカメラモジュール部分に採用しています。
メタルコア配線板 (metal core printed wiring board)	金属板の厚さ方向に回路形成（スルーホールめっき）し、その回路は何らかの手段を用いて金属板と絶縁されている配線板が、メタルコア配線板です。メタルコア配線板に使われる金属板は、アルミニウム、鉄、CIC（Cupper-Inver-Cupper）などです。絶縁層には、エポキシ樹脂やエポキシ樹脂をガラスクロスに含侵したものなどを使います。構成としては、両面配線板と多層プリント配線板があります。金属板とスルーホール配線を絶縁する技術の特許が、自由に使えるようになり最近採用例は増えつつあります。少し高度な制御が必要な高発熱型の回路基板として使用されます。

表4-4 ●各種プリント配線板（その2）
（出所：筆者）

種類	概要
金属ベース配線板 (metal based printed wiring board)	スルーホールめっきで金属板の厚さ方向に貫く回路を持たない、金属板を用いたプリント配線板です。定義に従えば、金属板の表裏に絶縁層を挟んで両面に回路形成したものです。貫通スルーホールめっきのない両面板も、金属ベース基板です。最近の電源回路の小型化のニーズに対応し、小型高放熱が実現できる基板として使用例が増えています。
ホーロー配線板 (porcelain enamel printed wiring board)	軟鋼板の表面に、ホーローエナメル層を焼き付け、その上に厚膜導体ペーストを印刷・焼成して導体パターンを形成した配線板です。すなわち、絶縁層はセラミックスを用いています。耐熱性も改善され、表面には抵抗体の形成も可能です。
溶射配線板 (sprayed metal wiring board)	溶射技術によりセラミックスの絶縁層を蓄積直接形成し、さらに導体配線回路形成も溶射技術で行う配線板です。この基板が開発された経緯は、電子回路の小型化が進み、回路の発熱密度が大きくなる中、高放熱基板が望まれた。前述の、金属ベース基板は絶縁樹脂の耐熱性、ホーロー基板ではベース金属が限定される、コストが高いなどの問題がそれぞれあり、この基板の開発に期待がかかりました。しかし、さまざまな課題があって実用例は多くありません。
立体配線板 (MID：Molded Interconnect Device)	射出成形した立体樹脂表面上に配線を形成したものです。3次元射出成形回路部品として開発されています。2次元のプリント配線板では、実装はしやすいですが、その後回路を保護するための筐体に収める必要があります。そこで、筐体の内側に配線形成し、筐体と配線板を一体化させて製品全体での小型化を実現する技術として、期待されて開発が進められました。スマートフォンの送受信アンテナと筐体の一体形成が着目され、この技術が展開応用されています。また、自動車分野でも2輪車のハンドルスイッチ回路に応用採用されています。
ダイスタンプ配線板 (die stamping wiring board)	金型（die）を用いて基板上で接着剤付きの銅箔を打ち抜いて、加圧貼り付けする配線板です。銅箔に接着剤を用いず、ベースの配線板樹脂と銅箔を密着させるものも開発されています。配線形成を含む加工工程が乾式工程となることから、めっき薬液などの公害の心配がなく、比較的厚い銅箔の配線形成も可能で、生産性も高いといえます。銅以外の金属箔やあらかじめめっき処理した材料も導体配線材料として使用可能です。片面板のみ、微細配線板の回路形成ができないことで、現在では使用されていません。

溶射技術：正確にはプラズマ溶射技術のことです。電極間にプラズマを発生させ、熱源として利用します。この熱源でセラミックスや金属粉末を溶融すると同時に、高速で膜形成したい母材に対して高速で吹き付け皮膜を形成する技術です。膜を均一に形成できる、薄膜の形成が可能であること、ち密で密着力の高い皮膜を形成可能です。

4.10.3　プリント配線板の種類（パターン形成方法）

導体配線の形成方法により、サブトラクティブ法（subtractive method）とアディティブ法（additive method）に分かれます。サブトラクティブ法は、導体回路を形成するための銅箔に、積層板表面の全面に導電層を形成した銅張積層板を用います。この積層板に対して、エッチングで不要部分を除去（引き算法）し、必要とする導体を残す方法です。

サブトラクティブ法は、パネルめっき法（panel plating）とパターンめっき法（patern plating）に分かれます。さらに、パネルめっき法では、スルーホール部分のエッチング液からの保護のために、3種類に分けられます。それは、テンティング法（tenting）、穴埋め法ならびにED（Electrophoretic Deposhition）法です。

一方、アディティブ法は、フルアディティブ法（full additive method）、セミアディティブ法（semi additive method）ならびにパートリーアディティブ法（partly additive method）に分かれます。いずれも、化学めっき法あるいは電気めっき法で基板上に必要な導体を形成（足し算法）する方法です。後ほどパターン形成の流れを説明しますが、サブトラクティブ法のパターンめっき法と、セミアディティブ法は工程の流れが非常に似ています。

［1］サブトラクティブ法-パネルめっき法

図4-30に工程の流れを示します。樹脂付き銅箔基材に対し、各内層の配線パターンを形成したものを準備します。それぞれの層とプリプレ

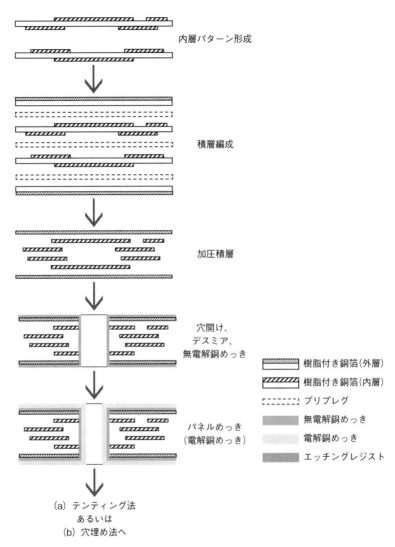

内層パターン形成

積層編成

加圧積層

穴開け、
デスミア、
無電解銅めっき

パネルめっき
（電解銅めっき）

樹脂付き銅箔（外層）

樹脂付き銅箔（内層）

プリプレグ

無電解銅めっき

電解銅めっき

エッチングレジスト

（a）テンティング法
　　あるいは
　（b）穴埋め法へ

図4-30 ●サブトラクティブ法（パネルめっき法）（その1、次のページに続く）
（出所：筆者）

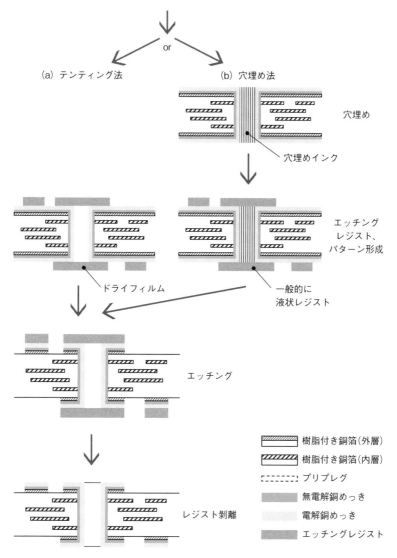

図 4-30 ● サブトラクティブ法（パネルめっき法）（その 2）
（出所：筆者）

グ[*1]を交互に挟み込んで、両側の最外層に樹脂付き銅箔基材を積層します。それを加熱加圧プレスで積層板としてまず仕上げます。

続いて、これに対して配線形成とスルーホール形成を行い、ドリルによって基板穴開けの機械加工を施します。すると多層板内層接続部に樹脂スミア[*2]が発生するため、除去処理（デスミア）を行います。その後、まずパネルめっきの下処理の無電解銅めっき（0.5μm程度）を面全体に形成します。さらに、パネルめっきとして電解銅めっき（25μm以上）を行います。このめっきで、スルーホール内部にも電解銅めっきが形成されます。

この後は、エッチングレジストで配線パターンを形成します。その際、スルーホール内に形成された電解銅めっき層をエッチング液から保護する必要があります。このスルーホール部の保護のための方法として、先に述べたように3種類（テンティング法、穴埋め法、ED法）があります。テンティング法は、フィルム状のレジスト（ドライフィルム・フォトレジスト）を用い、スルーホールの上に膜を張りスルーホールを塞ぎます。穴の上にテントを張るような手法であり、テンティング法と呼びます。

次に穴埋め法ですが、電解銅めっきしたスルーホール内に、別のレジスト（穴埋めインク）で埋めておきます。その上で、エッチングレジスト液膜を塗布して後に、パターン形成を行います。レジストは印刷で行う場合が多く、微細配線製品への適用は難しいといえます。

また、一般的ではありませんが、ED法もあります。この方法は、感光性レジストをコロイド化して電気泳動法で電極（基板）に析出させる

方法です。電気的にレジストを表面に付着させるため、電気めっきと同様、基板表面への追従性に優れ、ピンホールも液状レジストに比べて少ないのが特徴です。レジスト液の管理が煩雑になりがちであり、一般的には採用されていません。

エッチングレジスト上にパターンを形成（ポジ）した後は、樹脂付き銅箔基材上の銅箔までエッチングを行い、回路パターンを形成します。最後に、基板上に残ったエッチングレジストを剥離し、配線パターンが完成します。このパネルめっき法は、下地の無電解銅めっきから厚付の電解銅めっき工程が一貫して実施できるので、製造面の合理化がしやすいことが特徴です。また、注意すべき点として、設計通りのパターン幅に仕上げられているか、工程内の条件を確認することが必要になります。

*1 プリプレグ（prepreg）プリプレグは、塗工機を使って溶剤に樹脂を溶かしたワニスの中にガラスクロスを通して製造します。樹脂はガラスクロスに含浸し加熱工程を通すことで、溶剤を揮発除去します。この樹脂の状態を半硬化（B‐ステージ）と呼びます。プリプレグは、べとつきがなく多層基板製造の際、層間絶縁と接着剤の役割を果たします。一般にシート状になっており、内層コア積層板と一緒に積層加圧加熱されます。また、プリプレグは銅箔と一緒に積層し、銅張積層板としても使用されます。

*2 スミア（smear）スミアとは、基板上の銅箔表面に残留する樹脂の汚れのことです。スミアの発生の原因とは以下の通りです。ドリルによる貫通穴開けの際に、ドリルと基板の摩擦によって穴開け面は 200 ℃以上になることがあります。すると、使用基材のエポキシ樹脂のガラス転移点温度を越え、樹脂が流動状態となって銅箔表（端）面上で固化し、樹脂の薄膜を形成し汚れとなります。スミアの発生を少なくするためには、穴開けのドリル形状や回転数など、使用している基材の特性（特に硬化の程度）に合わせた設定と管理が重要になります。

[2] サブトラクティブ法−パターンめっき法

図4-31（p.112）に工程の流れを示します。最外面に銅箔パネルを入れた積層板とする工程、穴開け、デスミア、無電解銅めっき（0.5μm 程

度）を形成するところまでは、パネルめっき法と同じです。無電解銅めっきを形成後、エッチングレジストを塗布、あるいは貼り付けた後にパターン形成（ネガ）を行います。その後、電解銅めっき（10数 μm 以上）でレジストのない部分にめっきを形成します。さらに、後の工程で銅のエッチングを行う際、エッチングレジストとなるレジスト金属（6～12μm 程度）を電解銅めっき上に形成します。その後エッチングレジストを剥離し、下地の無電解銅箔と、樹脂付き銅箔基材の銅までをエッチングします。

[3] アディティブ法−フルアディティブ法

図4-32（p.114）に工程の流れを示します。内層の配線パターン形成を終えた基材と、プリプレグを積層して積層板を準備します。この積層板の表面には銅箔はないもので、サブトラクティブ法の積層板との大きな違いです。

フルアディティブ法では、化学めっき法のみで導体を形成する手法です。積層板を形成後は、穴開けを行い、さらに無電解銅めっきと基材の密着強度を確保するために、表面の粗化を行います。無電解銅めっきの表面定着を良くするために触媒化（触媒の付与）を行います。さらに、レジスト膜形成、パターン形成（ネガ）を行います。その後、無電解銅めっきを形成すれば、回路導体パターン形成が完了します。先に塗布したレジスト膜はそのまま残します（永久レジスト）。このように、非常に工程は簡素化されます。

[4] アディティブ法−セミアディティブ法

図4-33（p.116）に工程の流れを示します。図4-31 と比べてくだ

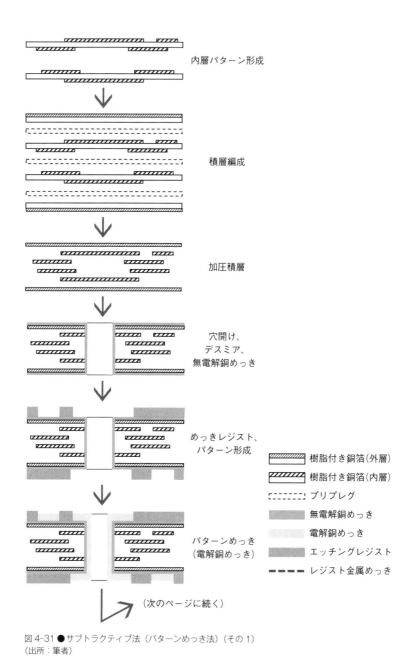

内層パターン形成

積層編成

加圧積層

穴開け、
デスミア、
無電解銅めっき

めっきレジスト、
パターン形成

樹脂付き銅箔（外層）
樹脂付き銅箔（内層）
プリプレグ
無電解銅めっき
電解銅めっき
エッチングレジスト
レジスト金属めっき

パターンめっき
（電解銅めっき）

（次のページに続く）

図4-31 ● サブトラクティブ法（パターンめっき法）（その1）
（出所：筆者）

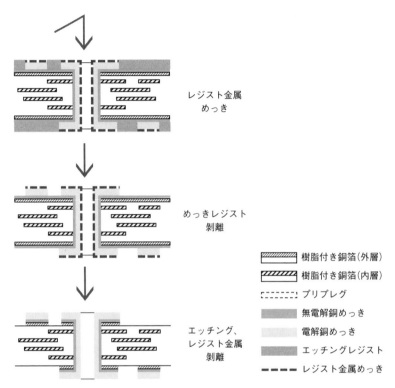

レジスト金属
めっき

めっきレジスト
剥離

エッチング、
レジスト金属
剥離

樹脂付き銅箔（外層）	
樹脂付き銅箔（内層）	
プリプレグ	
無電解銅めっき	
電解銅めっき	
エッチングレジスト	
レジスト金属めっき	

図 4-31 ● サブトラクティブ法（パターンめっき法）（その 2）
（出所：筆者）

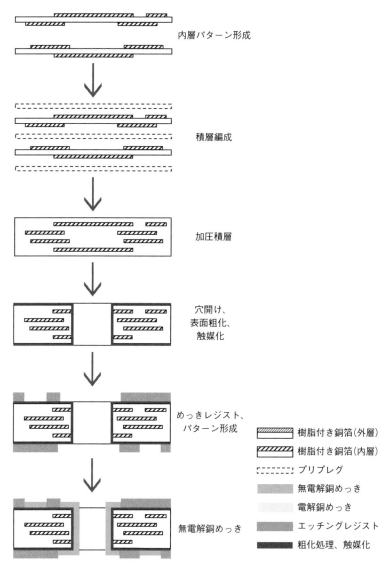

内層パターン形成

積層編成

加圧積層

穴開け、
表面粗化、
触媒化

めっきレジスト、
パターン形成

無電解銅めっき

樹脂付き銅箔（外層）	
樹脂付き銅箔（内層）	
プリプレグ	
無電解銅めっき	
電解銅めっき	
エッチングレジスト	
粗化処理、触媒化	

図 4-32 ●アディティブ法（フルアディティブ法）
（出所：筆者）

さい。最初に銅張積層板を使わないこと、表面が樹脂の積層板から処理を進めること、それに応じて表面粗化、触媒化の処理が変更されていること以外は、同じ手順となります。フルアディティブ法に比べて工程は複雑です。

［5］アディティブ法－パートリーアディティブ法

　この方法は、通常の銅張積層板を用いる点では、フルアディティブ法やセミアディティブ法とは完全に異なります。銅張積層板を用いる点から、表裏のパターン形成はエッチングで不要銅箔を除去する方法で行います。この方法は、部品搭載のパッドを含むスルーホール部分にのみ無電解銅めっきを行い、選択的に導体を形成する方法です。すなわち、表裏のパターン形成後、パッド部分とスルーホール部分を除く基板全体にエッチングレジストを印刷します。その後、無電解銅めっきを行います。

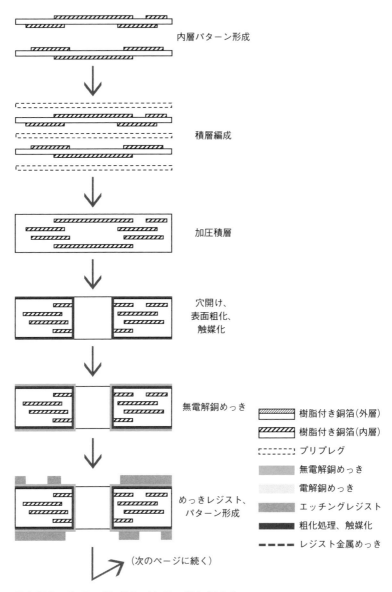

内層パターン形成

積層編成

加圧積層

穴開け、
表面粗化、
触媒化

無電解銅めっき

めっきレジスト、
パターン形成

凡例：
- 樹脂付き銅箔（外層）
- 樹脂付き銅箔（内層）
- プリプレグ
- 無電解銅めっき
- 電解銅めっき
- エッチングレジスト
- 粗化処理、触媒化
- レジスト金属めっき

（次のページに続く）

図4-33 ● アディティブ法（セミアディティブ法）（その1）
（出所：筆者）

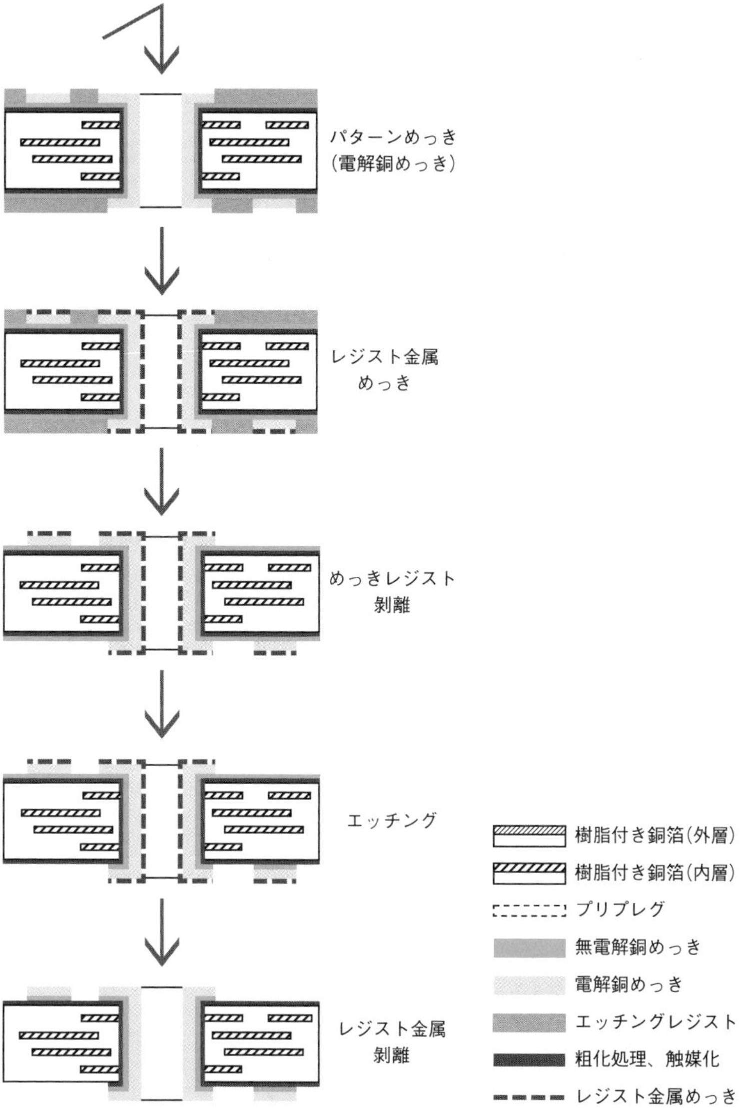

図4-33 ● アディティブ法（セミアディティブ法）（その2）
（出所：筆者）

凡例:
- 樹脂付き銅箔(外層)
- 樹脂付き銅箔(内層)
- プリプレグ
- 無電解銅めっき
- 電解銅めっき
- エッチングレジスト
- 粗化処理、触媒化
- レジスト金属めっき

工程:
- パターンめっき（電解銅めっき）
- レジスト金属めっき
- めっきレジスト剥離
- エッチング
- レジスト金属剥離

4.10.4 プリント配線板の種類（基板材料）

　図4-34に、基板に使われるさまざまな材料（組み合わせを含む）に
よる基板の種類の例を示します。このようにさまざまな基板があります。これは、使われる材料によって基板の特性が大きく変わるからです。また、使う材料によって基板の製造方法が大きく変わりますし、適用可能な電気・電子回路も変わります。その点を少し整理します。

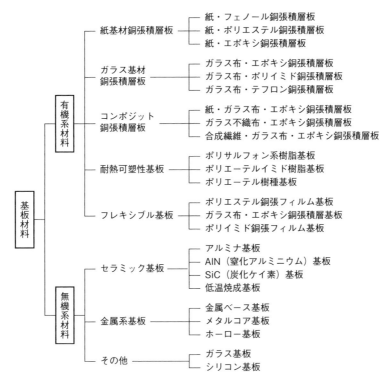

図 4-34 ●基板材料による基板の種類（例）
（出所：筆者）

　最近は、電子回路の小型化要求が大きく、電子回路の発熱密度が大きくなっています。そこで、基板の熱伝導度の視点で図4-34を見てみましょう。図中では、窒化アルミニウムやシリコンは数百［W/m・K］程度の熱伝導度を持ち、熱伝導の特性は良好です。しかし、大型の基板を作るには、コスト的に不利であることから限定的に使われます。

　次に、アルミナセラミック基板は数十［W/m・K］程度です。コスト的にも前者より低く、小型のハイブリッドIC（HIC：Hybrid IC）モジュールや、自動車用では機電一体製品（例えば、イグナイターやレギュレーターなど）に1970年代後半の比較的早い時期から使用例があります。

　金属系基板は材料によって熱伝導度がざまざまですが、自動車分野ではあまり使用例はありません。一般的な有機系樹脂プリント配線板は1［W/m・K］以下の熱伝導度であり、筐体（きょうたい）への放熱経路の確保のためにさまざまな工夫をして適用されています。最近の車両の電動化の流れの中、厳しい温度の搭載環境下で製品が使用されるケースが多くなり、基板の熱伝導性と合わせて基板の耐熱性も選択の際の重要な項目になっています（表4-5）。

　一般にはガラスエポキシ基材の配線板を使いますが、現在では基材として熱膨張率を小さくする取り組みと並行して、積層多層基板では、接合部寿命を延ばす取り組みも行われています。部品実装面にのみ熱膨張係数の差によって生じる応力を吸収できる有機系材料を挟み込む方法を使います。

　また、最近は自動運転車両の開発の流れの中で、さまざまなセンシン

表 4-5 ●NEMA による積層板の等級（抜粋）
（出所：筆者）

名称	基板	樹脂	等級 （NEMA）	特徴
紙基材 銅張積層板	紙	フェノール	FR-1	低温打ち抜き性、難燃性
			FR-2	低温打ち抜き性、 高絶縁性、難燃性
		エポキシ	FR-3	低温打ち抜き性、難燃性
ガラス基材 銅張積層板	ガラス布	エポキシ	FR-4	一般用、難燃性
			FR-5	耐熱性、難燃性
コンポジット 銅張積層板	ガラス不織布	ポリエステル	FR-6	難燃性
	ガラス布ガラス 紙複合	エポキシ	CEM-1	難燃性
	ガラス布ガラス 不織布複合		CEM-3	難燃性

NEMA：National Electrical Manufactures Association

グデバイスのために高周波特性が重視されるようになってきています。
そのため、基板の誘電率も選定の際に重視されています。セラミックス
系材料は誘電率が大きく、有機系プリント配線板はそれに比べると低い
誘電率を持ちます。フッ素樹脂系材料は誘電率が低いのですが、基板に
加工して使いこなすには工夫が必要な基材です。現在、自動車用セン
サーとしてのミリ波レーダーやライダー（LiDAR：Light Detection
and Ranging；レーザーレーダーとも呼ぶ）を構成する基板として、各
基材メーカーが低誘電率の高周波領域の特性に優れた基材の開発を進め
ています。

4.10.5　ビルドアップ基板

　ビルドアップ多層プリント配線板は、導体と絶縁層を 1 層ずつ積み上
げ、層間を接続して作る多層プリント配線板です。多層貫通 TH（ス

ルーホール）配線板あるいは多層 IVH（内層接続ホール）配線板を内層コアとし、さらにその外層表面に樹脂絶縁層を形成して回路パターンを形成します。そして、内層コア基板の配線パターンとビアホールを形成し、電気的な接続を行います。ビルドアップによって積層する絶縁層は薄く、部品を支持することができません〔図 4-26（p.101）の②電子部品保持固定機能〕。従って、内層コア基板で基板の強度を保持しています[7]。

　ビルドアッププロセスでは、立体的な接続をするための穴開けを、従来の機械的なドリルを用いるのではなく、写真法またはレーザードリル法などを使うことにより、数多くの微小径の穴を開けることができます。

　配線形成は、パネルめっきとフォトエッチングによって形成されます。ファインパターンを形成するために、一般に導体厚さは薄くします。例えば、導体幅が $50\sim75\mu m$ の場合は導体厚さは $15\sim20\mu m$、導体幅が $20\mu m$ の場合は厚さは $5\mu m$ 程度です。基板の配線領域が小さい場合は、配線長さも短いために薄い導体厚さでも問題とならない場合が多いのですが、基板サイズが大きい場合には、低い導体抵抗を得ることが難しくなります。そのため、薄い導体厚さでのエッチング法ではなく、セミアディティブ法やフルアディティブ法で配線形成を行います。

4.10.6　プリント配線板電極の表面処理

　プリント配線板は、外層・パターン形成の工程後、ソルダーレジストと品番、部品番号などのシンボル印刷を行います。その後、配線板にとっては表面保護のための表面処理を行います。

　プリント配線板の部品接続ランド部の表面処理方法は、電子部品との
はんだ付け性に影響します。挿入実装によるフローはんだ付けの場合
は、プリフラックス処理が中心でした。その後、表面実装におけるはん
だ印刷によるリフローはんだ付けでは、はんだコート、Ni/Au めっき、
Ag めっきならびに耐熱性プリフラックス処理などが用いられるように
なりました。その後、鉛フリーはんだ付けに移行後は、国内では耐熱性
プリフラックス処理が中心となっています（表 4-6）。

　プリフラックス処理については、部品接続ランド部などの Cu 表面が
汚染、酸化しないように薄膜のフラックス皮膜を形成します。この被膜
には、溶剤系耐熱プリフラックスと水溶性耐熱プリフラックス（OSP：
Organic Solderability Preservative）があります。また、プリフラッ
クスの基本的な性能として、室内保管で 6 カ月間銅表面を保護でき、リ
フローやフローはんだ付けで正常にはんだ付けが行えることが必要です。

表 4-6 ●表面処理の仕様
（出所：筆者）

処理の種類	仕様	特徴
はんだコート	共晶はんだ 鉛フリーはんだ	接続信頼性良好 厚みのばらつき大きい
プリフラックス	ロジン系樹脂皮膜 水溶性耐熱プリフラックス	耐熱性改良され、鉛フリー はんだ接続用に多く使われる
無電解 Ni/Au めっき	下地 Ni(数 [μm])/ 表面 Au(0.03〜0.1 [μm]) めっき	コストが高い
置換 Ag めっき	Ag　0.1〜0.5 [μm]	簡単なプロセス、短時間でのめっき 処理

4.11 セラミック基板

　セラミック基板は、樹脂材料から成るプリント配線板と比べた場合、熱伝導率が高く、耐熱性に優れて、熱膨張率が小さくなっています。さらに寸法安定性も優れています。そのため、一時期はLSIパッケージやハイブリッドIC用の基板、さらには多層積層板に関しては、一般的な制御回路基板としても使用されました。

　特に、車載向けでは、その優れた熱特性（耐熱性と熱伝導率が高いこと）から、エンジン周りの電子製品（レギュレーターやイグナイターなど）に早くから使用されてきました。また、高い寸法安定性を生かし、車載用の各種半導体センサーのパッケージとしても使用されています。

　その後、さらに積層多層基板が開発され、熱環境の厳しい部位に搭載される電子制御回路用基板として使用されています（図4-35）。セラミック基板は、先に述べたように熱膨張率が小さくシリコン半導体デバイスのベアチップ実装にも適しており、小型の電子製品を実現する意味でも重要な役割を果たしています。

4.11.1　セラミック基板の概要

　一般的な電子機器を構成する半導体を含む回路システムの実装には、厚膜、薄膜およびそれらの組み合わせ、めっき、プリント配線板などの技術が使われています。これらの中で、厚膜技術は先に述べたように高い信頼性を持つので、ハイブリッドICを構成する基本的な技術として

（a）LSI用パッケージ

（b）加速度センサー用パッケージ

（c）イグナイター用両面回路基板

（d）TCU用多層回路基板

図 4-35 ●セラミックパッケージおよび基板の例
（出所：筆者）

広く利用されています。

　セラミック基板は、セラミックス材料と厚膜技術によって回路の多層
化が可能であることが、電子部品の小型化、小型な電子部品パッケージ
ならびに小型のハイブリッド IC モジュールを可能にしています。

　多層化の手法としては、以下の 3 つがあります。

［1］モリブデン（Mo）、タングステン（W）などの卑金属のリフラクト
　　リーメタル（高融点金属）を成分とする導体ペーストを印刷したグ
　　リーンシートを重ねる（グリーンシート多層積層法）。

［2］アルミナセラミックスグリーンシート*3 上に、Mo や W などの卑金
　　属導体ペーストを印刷し、次にアルミナセラミックス絶縁ペースト
　　を印刷して、これらを繰り返して多層化する（グリーンシート多層

印刷法）。

[3] 焼成したアルミナセラミック基板上に金（Au）、銀系〔主に銀パラ
ジウム（AgPd）、銀白金（AgPt）など〕または銅（Cu）などの導
体ペーストと、絶縁ガラスペーストを交互に印刷し、部分的に配線
を多層化する（厚膜多層印刷法）。

　いずれも厚膜技術のため、配線幅は$100\mu m$程度が限界であり、最近
のガラスエポキシ樹脂プリント配線板の導体幅よりも太い状態です。一
時期、薄膜–厚膜混成技術、あるいはフォトリソ技術を応用した配線形
成技術も開発されましたが、樹脂プリント配線板の微細化技術に先行さ
れています。

＊3 グリーンシート（green sheet） セラミック基板の出来上がる前のセラミックス材料
で、生乾きの状態の薄いシート状態のもののことです。生シートとも呼びます。作り方は、
以下の通りです。セラミックス粉末とガラスを一定比率で配合して混合します。混合した原
料にさらに、有機系のバインダーと溶剤を加え、均一になるまで分散させます。これによ
り、スラリーと呼ばれるグリーンシートのもとになる材料ができます。スラリーを製造装置
でフィルム上に一定の厚さで塗布し、乾燥工程を通過させながら巻き取ります（図4-A）。
これをテープ成形法といいます。そのため、グリーンテープ（green tape）あるいは生
テープと呼ぶこともあります。グリーンシートの特性としては、切断、穴開けなどの加工、
厚膜ペーストによる配線などの工程におけるハンドリングに耐える強度と柔軟性が求めら
れます。

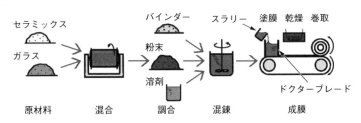

図4-A ● グリーンシートの製造工程
（出所：筆者）

4.11.2　セラミック基板への要求

　ここでは、電子機器に使用するセラミック基板に求められる特性を整理しておきます（表4-7）。

表4-7 ●セラミック基板と樹脂基板の特徴比較
（出所：筆者）

	セラミック基板	樹脂基板
基板材料	ガラスセラミックス、アルミナ(92–96 ［%］)、AIN など。	エポキシ、フェノール、ポリイミド、不織布など。
導体材料	Ag、AgPd、AgPt、Cu、W、Mo など厚膜導体を主にペースト印刷。	Cu箔を化学エッチングでパターン形成導電性、はんだ付け性良好。
保護材料	Cd フリーガラス、樹脂	樹脂
多層化	厚膜印刷、グリーンシート多層など。	コア層とプリプレグで多層化、ビルドアップ工法もあり。
抵抗体	RuO_2、SnO_2、LaB_6 など厚膜抵抗体、トリミングにより精度向上。	各種チップ、リード部品（交換容易）
その他回路部品	ベアチップ実装、各種チップ、パッケージ部品（リードは42アロイ系）。	各種チップ、リード部品（交換容易）
長所	パワーの大きな抵抗体を小型に形成可能、使用最高温度が高い、放熱性が良い。	基板が短時間で安価に製造でき、各種実装部品が使用できる。
短所	大面積基板はコストが高い。基板形状自由度が低い。	基板熱膨張率が大きく、実装部品の信頼性確保に特別な配慮が必要。

［1］（抵抗体を含む）配線形成のための特性

　基板上に回路配線を形成するためには、高密度実装を実現できる、微細配線形成が必要です。そのための特性は以下の通りです。

①基板表面の平滑性。

②各種薬品に対して変質しない安定性。

③使用する配線導体との十分な密着性。

[2] 機械的な特性

　セラミック基板による回路部をモジュールとして構成するため、機械的な強度が十分あり、支持体として使用可能であることが求められます。円弧の加工などを行えるなど加工性が良く、寸法精度が高いことも必要です。また、半導体チップをフリップチップ（FC）実装したり、CSP（Chip Scale Package または Chip Size Package）形状品を高信頼に実装したりするために、表面が滑らかで反りやうねりがないことが望ましいといえます。

[3] 電気的な特性

　絶縁抵抗および絶縁破壊電圧が高いことが求められます。5G（第5世代移動通信システム）などの高周波帯を扱う回路も増加し、誘電率が低いことや、誘電正接（誘電損失）が小さいことも求められています。

[4] 熱的な特性

　セラミック基板を選択する重要な特性がこの熱的特性です。樹脂配線板に比べてその熱膨張率が回路部品の熱膨張率に近く、整合性が取れていることも選択時の要因となります。

[5] 化学的な特性

　その他の特性としては、基板として配線加工する工程での要求事項を含めて整理すると、化学的に安定しており、メタライズしやすく導体や抵抗材料などとの密着性が良いことが挙げられます。車載電子製品に適用する場合には、耐油性や耐薬品性があることも重要です。その他、基板共通の要求事項として、短時間で製造しやすい、低コストであることなどが挙げられます。

4.11.3　セラミック基板の構造

　セラミック基板には片面基板、両面基板、多層基板（グリーンシート多層積層法）が使用されています。片面基板は、これまで紹介したイグナイターやレギュレーター、小型アクチュエーターの制御基板に広く使用されています。両面基板は、前者より回路規模が大きいものの、小型を要求されるEDU（Electronic Driver Unit、例えばインジェクター駆動ユニット）の基板です。マイコンによるアクチュエーター制御を行う製品の制御基板では、マイコン周りの多数の配線処理のために配線層を多層化する必要があり、特に絶縁信頼性に優れたグリーンシート多層積層法による多層基板が用いられます。パッケージ基板は、各種半導体センサーのパッケージとして使用されます。

[1] 片面基板（単層基板）

　片面基板は小型の電子製品基板に広く利用されています。アルミナ含有量として、96〜96.5％のあらかじめ焼成された白基板と呼ばれるベースとなる基板に、導体配線、抵抗体、保護ガラスを焼成して基板とするものです。Ag系導体システム（抵抗体はRuO_2ペースト）が使用されていましたが、現在はCu導体システム（抵抗体はSnO_2とLaB_6ペースト。CuNi系も使用される）が主に使われています（図4-36）。

①白基板に導体を印刷→乾燥→焼成

②抵抗体（抵抗ペースト種ごと）を印刷→乾燥→印刷、最後に焼成

③保護ガラスを印刷しはんだランド部を印刷形成→乾燥→焼成

④抵抗体の抵抗値調整トリミング

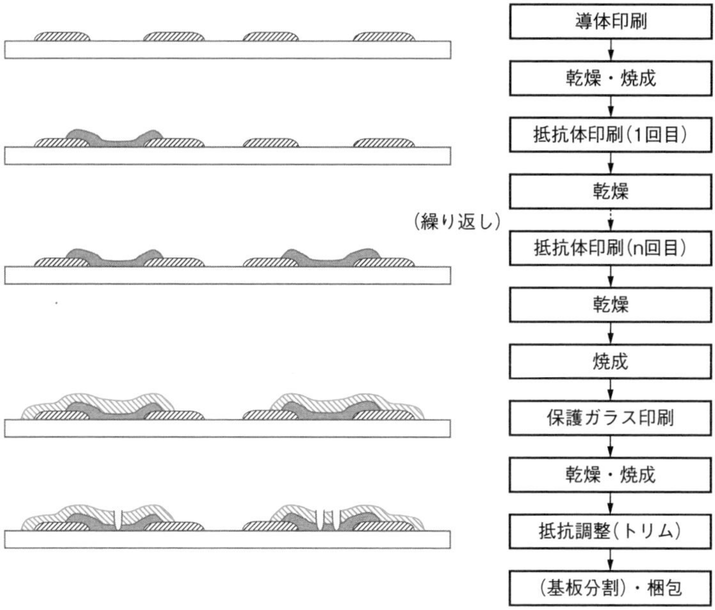

図4-36 ●片面基板の製造の流れ
(出所：筆者)

⑤基板検査

⑥納入先に応じて基板分割、梱包

[2] 両面基板

　両面基板は文字通り、セラミック基板の表裏に配線を形成した基板です。表面と裏面をつなぐのは、基板にあらかじめ開けたビアに、金属導体を埋め込んで両面の配線導体を接続します。両面板の製造工程は、両面間を接続するビアを形成するところから始まります（図4-37）。

①（アルミナ）グリーンシート上にパターン設計に従い、ビアをパンチング型（レーザーにて穴開けする場合もあり）によって穴開けする

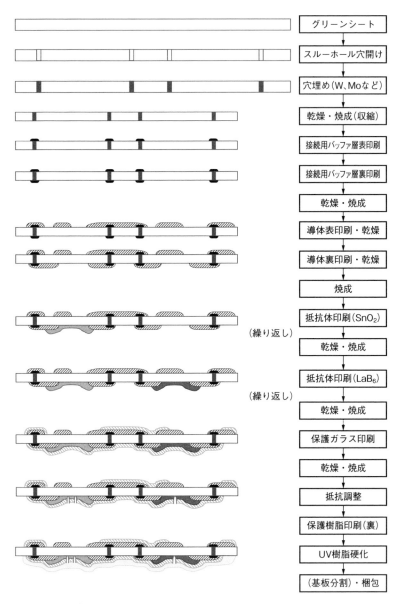

図 4-37 ● 両面基板の製造の流れ
（出所：筆者）

グリーンシート

スルーホール穴開け

穴埋め（W、Moなど）

乾燥・焼成（収縮）

接続用バッファ層表印刷

接続用バッファ層裏印刷

乾燥・焼成

導体表印刷・乾燥

導体裏印刷・乾燥

焼成

抵抗体印刷（SnO$_2$）

乾燥・焼成 （繰り返し）

抵抗体印刷（LaB$_6$）

乾燥・焼成 （繰り返し）

保護ガラス印刷

乾燥・焼成

抵抗調整

保護樹脂印刷（裏）

UV樹脂硬化

（基板分割）・梱包

②ビアを印刷にて導体金属を埋め込む

③乾燥・焼成する（これによりグリーンシートサイズから約70%に収縮する）

④配線導体（Cu）を印刷形成・乾燥（両面）して焼成する

⑤同一種類の抵抗体を必要回数印刷乾燥して焼成する

⑥別の種類の抵抗体を必要回数印刷乾燥して焼成する

⑦両面に保護ガラス印刷・乾燥・焼成する

⑧抵抗値調整（トリミング）

⑨抵抗面（裏面）にUV硬化型絶縁保護樹脂を印刷・硬化

　実際の使用例としては、裏面に抵抗体を配置し、できる限り表面に電子部品を搭載できるようにレイアウトします（図4-38）。

[3] 多層基板（厚膜多層印刷法）

　厚膜多層印刷法による多層基板は片面単層（あるいは両面）基板に対し、導体配線を多層構造にする配線板です。抵抗体は、導体配線の多層化加工後に印刷・焼成・トリミングを行います。多層基板（厚膜多層印刷法）の基板製造の流れは以下の通りです（図4-39）。説明は片面の多層基板です。

①白基板に1層目の導体を印刷→乾燥→焼成

②導体配線を積層させる部分に絶縁ガラス層を部分的に印刷→乾燥→焼成

③2層目の導体を印刷→乾燥→焼成

④1種類目の抵抗体を印刷・乾燥

⑤次の種類の抵抗体を印刷・乾燥（必要回数繰り返し）

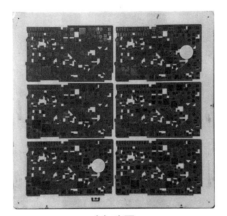

(a) 表面

(b) 裏面

図4-38 ● 両面基板（6枚取り）耳付きの例
（出所：筆者）

⑥全ての抵抗体印刷乾燥後焼成

⑦はんだ付けあるいは検査ランド以外に保護絶縁ガラスを印刷→乾燥→

焼成

⑧抵抗調整（トリム）

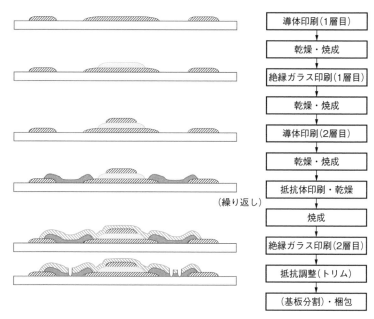

	導体印刷(1層目)
	乾燥・焼成
	絶縁ガラス印刷(1層目)
	乾燥・焼成
	導体印刷(2層目)
	乾燥・焼成
	抵抗体印刷・乾燥
	焼成
	絶縁ガラス印刷(2層目)
	抵抗調整(トリム)
	(基板分割)・梱包

（繰り返し）

図4-39 ● 多層基板（厚膜多層積層法）の製造の流れ
（出所：筆者）

⑨検査・梱包・出荷

　具体的な事例を図4-40に示します。図中の丸内が厚膜多層構造に
なっている部分です。

［4］多層基板（グリーンシート多層印刷法）

　グリーンシート多層印刷法による多層基板は、厚膜多層印刷法による
多層基板からさらに配線密度を高めることが可能な方法です。また、次
に述べるグリーンシート多層積層法による多層基板に比べると、ビアの
穴開けのための金型を必要としないので、基板を安価に製造できます。

　本多層基板の製造プロセスは、以下の通りです（図4-41）。

①グリーンシートに導体を印刷（第1層）→乾燥

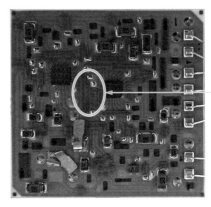

図 4-40 ● 多層基板（厚膜多層積層法）の例
（出所：筆者）

丸内が多層部分
基板内に合計20カ所

②グリーンシートと同じ材質の絶縁層を印刷（第1層）（このときビア
　も形成）→乾燥

③ビア部分に導体金属を穴埋め接続する（第1-2層間）→乾燥

④②の絶縁層の上に、導体を印刷（第2層）→乾燥

⑤絶縁層を印刷（第2層）→乾燥

⑥必要層数分③〜⑤を繰り返す

⑦一括焼成（基板は焼成収縮して小さくなります）

⑧抵抗体の印刷を同様に各種繰り返して印刷形成

⑨最表層のはんだ付け部品ランド部を形成のために抵抗体上に絶縁ガラ
　スを印刷→焼成

⑩抵抗値調整（トリミング）

⑪検査・梱包

　導体パターンと絶縁層を複数回積層印刷していくと、基板上の凹凸が
大きくなります。そのため、部品実装のためにメッシュのはんだ印刷マ

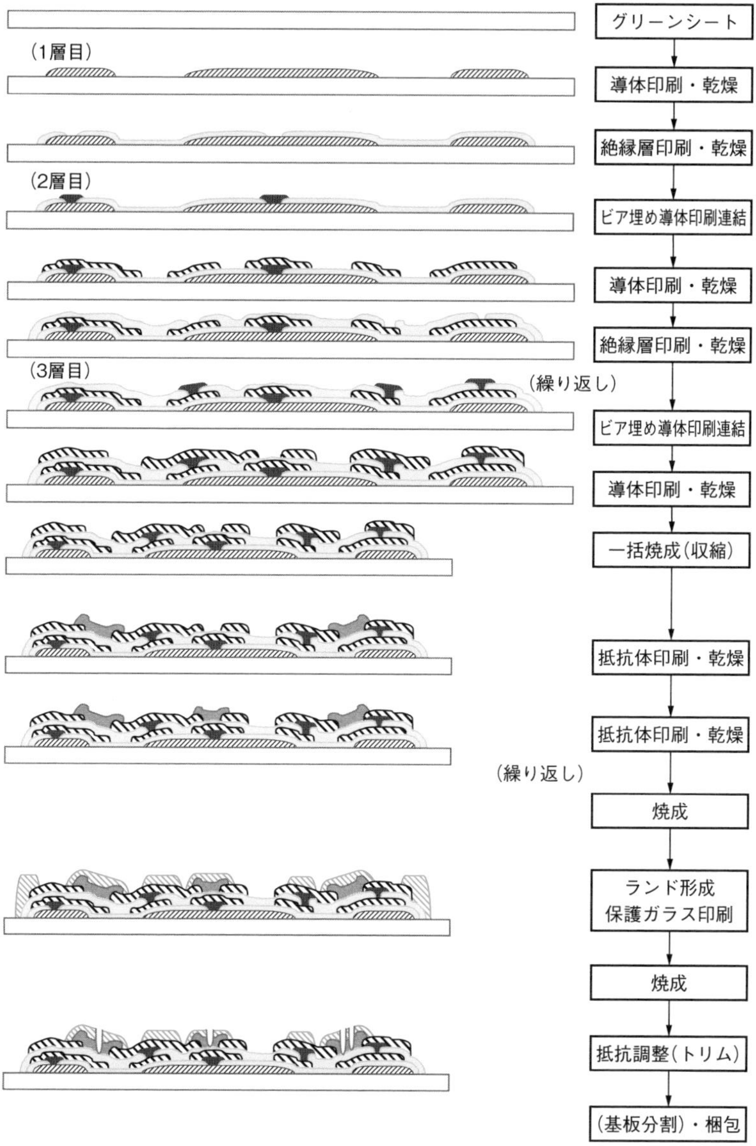

（1層目）	グリーンシート
	導体印刷・乾燥
	絶縁層印刷・乾燥
（2層目）	ビア埋め導体印刷連結
	導体印刷・乾燥
	絶縁層印刷・乾燥
（3層目） （繰り返し）	ビア埋め導体印刷連結
	導体印刷・乾燥
	一括焼成（収縮）
	抵抗体印刷・乾燥
	抵抗体印刷・乾燥
（繰り返し）	焼成
	ランド形成 保護ガラス印刷
	焼成
	抵抗調整（トリム）
	（基板分割）・梱包

図 4-41 ● 多層基板（グリーンシート多層印刷法）の製造の流れ
（出所：筆者）

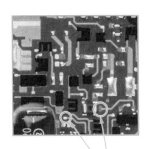

②はんだランド形成用保護ガラス
①上下導体接続用ビア部

図4-42 ●グリーンシート多層印刷法による多層基板の例
（出所：筆者）

スクによるはんだの供給量ばらつきが大きくなります。絶縁層は、グリーンシートと同種の材料を用いているため、ピンホールもなく信頼性の高い絶縁膜を形成できます。図4-42に具体的な製品例を示します。

[5] 多層基板（グリーンシート多層積層法）

　グリーンシート多層積層法による多層基板は、セラミック積層パッケージの技術の応用展開から発展した製品です。具体的な製造の流れは、以下の通りです（図4-43）。

①グリーンシートに必要層数分のビアの穴開け加工を行います

②必要層数分の穴開け後、ビア内に導体金属を埋込印刷します

③各層ごとに導体パターンを印刷します

④一括積層・プレス加工

⑤基板・導体金属の同時焼成（基板寸法は同時焼成により収縮します）

⑥最外層表面にCuめっき加工

⑦裏面側にCu導体ペースト印刷

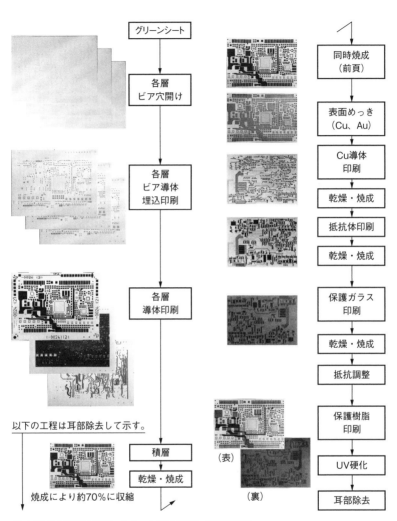

図 4-43 ● 多層基板（グリーンシート多層印刷法）の製造の流れ
（出所：筆者）

⑧乾燥・焼成

⑨抵抗体印刷・焼成（必要の応じて繰り返し）

⑩抵抗面保護ガラス印刷・焼成

⑪抵抗調整（トリミング）

⑫表・裏面に保護樹脂印刷

⑬UV（紫外線）照射硬化

⑭基板耳部除去

　車載用として、エンジン制御 ECU の回路基板にも使われました。図 4-44 に、この多層基板の例を示します。

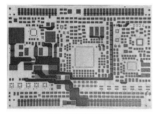

(a) 部品搭載面　　　　　　　　　(b) 裏（抵抗）面

図4-44 ●グリーンシート多層積層法による多層基板の例
（出所：筆者）

[6] パッケージ基板（キャビティー付き）

　パッケージ基板というよりも、パッケージそのものをイメージしてください。車載分野では半導体センサーのパッケージとして広く使用しています。[5] の多層基板（グリーンシート多層積層法）と似た製造工程です。製造の流れは以下の通りです。配線基板とは異なり、抵抗体印刷工程がありません。一方で、半導体チップを収めるための空間を形成するキャビティー加工を、ビア加工と同時に行います（図4-45）。

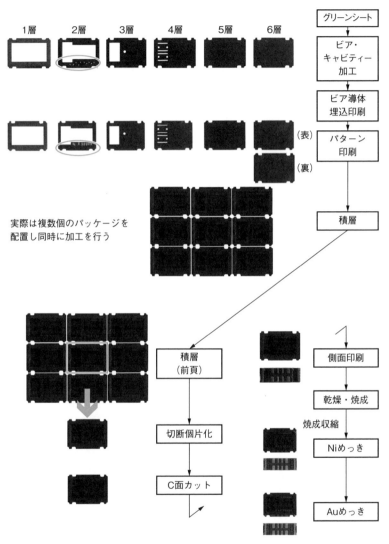

図 4-45 ● パッケージ基板の製造の流れ
（出所：筆者）

①グリーンシートに必要層数分のビアの穴開けと、必要に応じてキャビティー加工を行います

②必要層数分の穴開け後、ビア内に導体金属を埋め込み印刷します

③各層ごとに導体パターンを印刷します

④一括積層・プレス加工

⑤個片に切断加工

⑥外形加工（C面カット）

⑦（必要に応じて）側面導体印刷

⑧同時焼成（焼成収縮）

⑨ Ni 下地めっき

⑩ Au めっき

　図4-46は、半導体加速度センサーのセラミックパッケージの例を示します。

図 4-46 ●セラミックパッケージ（加速度センサー）の例
（出所：筆者）

4.11.4　セラミック基板の製造工程

　セラミック基板の製造工程は、原料の粉末調整、成形、焼成の要素プロセスから成ります。

　また、セラミック基板は、大きなベースサイズの基板内に複数の配線板を配置し、同時に配線形成などを行うものもあります。その場合には、最終的に個片基板に分割する必要があります。この基板分割溝は、グリーンシート状態で、金型を用いて外形加工と同時にブレーク溝を形成する場合と、基板焼結後にレーザースクライバーを用いて形成する場合があります。

[1]　原料粉末の調整

　セラミックス原料粉末は、基板の特性を左右する重要な要素です。特にセラミックスの特徴は、「緻密で均一な焼結体をできる限り低い焼成温度で得られること」です。ここから、原料粉体に求められる特性は以下のようになります。

①1つひとつが微細で、粒度分布が狭いこと。

②粒子間の相互作用がなく、凝集しないこと。

③たとえ凝集したとしても、凝集力が弱く分散しやすいこと。

④粒子形状ができる限り球状に近いこと。

⑤成形しやすいこと。

⑥単一相で高純度であること。

⑦全ての性質が均一であること。

［2］成形

　成形方法には、加圧成形法とテープ成形法があります。加圧成形法には、金型プレス成形法と等方静水圧プレス成形法があります。また、テープ成形法は、ドクターブレード成形法とカレンダー成形法があります（図4-47）。

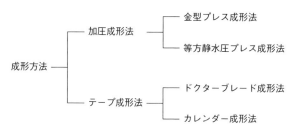

図4-47 ●セラミック基板の成形方法
（出所：筆者）

①金型プレス成形法：金型を用いて、型内に原料粉末を入れて加圧して固めて形状を作ります。従って寸法精度は、型の出来栄えに依存しますが、一般的には寸法精度の良いものができます。この方法は、セラミック基板のような薄いものより少し厚みのある部品の成形に向いています。

②ラバープレス成形法（等方静水圧プレス法）：金型プレス成形法の欠点である不均一になりやす点を解消する方法です。一般的にアイソスタチックプレス成形法と呼びます。成形型にゴムを用いる場合は、ラバープレス成形法と呼びます。等方静水圧プレス法の1つとしてラバープレス法があります。

③ドクターブレード成形法：スラリー[*1]をドクターブレード[*5]と呼ぶ金

属刃の隙間を通してキャリアフィルム（テープ）*6 上に成形し、可塑性を持つ柔らかいセラミックス成形体とします。これを基板サイズに切り抜き、積層などの加工をして最終的な基板に仕上げます。このため、ドクターブレード成形法は狭義のテープ成形法ともいわれます。

④カレンダー成形法：ドクターブレード成形法に比べ高い圧力をかけて成形を行います。そのため、50〜70 ％の成形体密度を得ることが容易です。この方法では、ポリスチロールやエチレンビニルコポリマーなどの熱可塑性樹脂を用いて、セラミックス粉末を帯状の成形体に加工しておきます。この成形体シートに紙をはさんで、リールに巻き取っておきます。このリールから紙をはがしながら上下の加圧ロールの間を通過させることで、シート厚を薄くしていきます。

［3］焼成

　焼成という言葉は、これまでグリーンシートの状態から硬いセラミック基板にする場合と、導体や、抵抗体などの厚膜ペーストをセラミック基板上に焼き付ける場合に使ってきました。この焼成のプロセスは、バインダー抜き、焼成、収縮に分かれます。

①バインダー抜き（binder burning-off）：グリーンシートからセラミック基板に焼成する前に、グリーンシート内に含まれる溶剤やバインダーなどの有機成分を熱分解して除去することを、バインダー抜きといいます。

②焼成（firing）：配線を含まないセラミック基板の焼成では、セラミックス粉末同士を合体させて緻密な構造体（焼結体*7）とすることです。例えばアルミナセラミック（Al_2O_3）基板の場合、大気中で約

1300℃前後の温度で焼成します。配線導体を含む一体焼成基板では、グリーンシートの緻密化と、同時に配線用金属層をセラミックスに固着をさせます。厚膜ペーストの焼成では、金属粒子あるいは抵抗体粒子を結合させて連続体（個体）として、設計通りの膜特性を発現させます。特に、ペーストにあらかじめ含ませたフリット成分[*8]（ガラス成分あるいは金属酸化物）の溶融や拡散・反応によって厚膜をセラミック基板に固着（密着）します。

③収縮（shrinkage）：グリーンシート成形体を焼成により焼結体とすると、焼結の定義通り収縮が生じてえられるセラミック基板の寸法は、元のグリーンシートのサイズよりも小さくなります。

*4 スラリー（sulurry） スラリーとは、セラミックス粉末、有機質のバインダーや可塑剤、界面活性剤（分散剤）、および有機溶剤を混ぜ合わせた泥状混合物です。スリップ (slip) あるいは泥しょうと呼ぶこともあります。このスラリーは、ドクターブレード成形法で用いるセラミックスグリーンシートの原料です。ドクターブレード成形法では、キャリアテープ上にあらかじめ設定した厚さに薄く延ばして成形します。キャリアテープの移動に伴い、キャリアテープ上に設置されたドクターブレードからスラリーが引き出されていきます。

　スラリーに混入するバインダーは、セラミックスのグリーンシートとして成形された後、焼成されるまでセラミックス粉末を互いに固く結びつけておくために加えるものです。

　可塑剤は、薄いグリーンシート状態での取り扱いを容易にします。通常乾燥状態にありながら、積層時にはテープ同士が互いに接着性を示すように働きます。

　界面活性剤は、セラミックス粉末内に溶剤、バインダー、可塑剤などを混錬しますが、これらが溶媒中に均一に分散した状態を保持するための役割を果たします。そのため、界面活性剤は分散剤（defloculant）とも呼びます。

*5 ドクターブレード（doctor blade） テープ成形法（狭義）に用いる装置の1つで、スラリーを薄く延ばすための部材のことです。キャリアテープに近い側がナイフ状をした、キャリアテープとの間に一定の間隔を保つ部分を持ちますが、この部分をドクターブレードといいます。ドクターブレードの後ろ側には、スラリーを保持する部分があります。また、ドクターブレードはキャリアテープとの間隔を調整できるようになっています。

*6 **キャリアフィルム（carrier film）** キャリアテープの役割は、テープ成形法において
ドクターブレード部から引き出したスラリーを支えるとともに、乾燥するまでの支持、その
後の各種加工工程（ビア穴開け、キャビティー形成、導体印刷形成、切断など）の支持をす
ることです。スラリーが乾燥して成形体になる際に、溶剤などが飛散・蒸発することで収縮
しますが、キャリアテープは、グリーンシート内部に収縮歪／（応力）が残留しないようす
る特性が求められます。そのため、収縮に伴い変形するような柔軟性（可とう性）が必要で
あり、ポリエステルフィルムを用います。

*7 **焼結（sintering）** 焼結とは、粉末をその融点以下の温度で焼成したときに、粉末同士
が結びついて強固な結合体へと焼き固まり、緻密な構造体となることです。一般には粉末が
焼結した後、空隙率が減少して基板としての機械的強度が増したり、狙った特性が得られた
りすることです。最近は、パワーデバイスと金属ヒートシンクを接合する材料としても、
Ag や Cu 金属粉末をベースとする焼結型の接合材料が開発されています。

*8 **フリット（frit）** 導体層と基板との間の接着力を発現する役割を果たすものです。

4.11.5　セラミック基板の配線形成

　セラミック基板上に、回路パターン（主に導体配線と抵抗体）を形成
（製膜）する方法は厚膜法と薄膜法です。セラミック基板に導体パター
ンを形成する方法として、一体焼成法による多層板のパターン形成もあ
ります。高放熱性を実現する基板構造を実現するのに、ダイレクトボン
ド法や活性金属接合法も利用されます。

［1］厚膜法

　厚膜法によってセラミック基板上へ導体などの膜を形成するために、
金属粉末を成分とした導体ペーストを用います。このペーストを、スク
リーン印刷法により回路パターンを形成します。そして、パターンの安
定化のために、焼成によってパターンを焼き付ける工程を含みます。こ
こでは、焼成済みのセラミック基板上に導体や抵抗体を印刷して焼成
し、セラミックプリント配線板とする方法を厚膜法といいます。製膜さ

れる膜厚は、数 μm から数十 μm 程度です。

［2］薄膜法

　薄膜法は、先に述べたようにサブ μm 以下の膜厚のものに適用します。この膜の形成方法は、乾式法と湿式法に分かれます（**図 4-48**）。主には、真空蒸着とスパッタリング、めっきが用いられます。

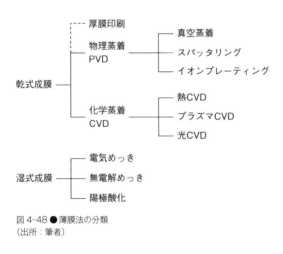

図 4-48 ●薄膜法の分類
（出所：筆者）

［3］一体焼成法（第 4 章 4.11.3 ［3］を参照）

［4］ダイレクトボンド法

　ダイレクトボンド法は、アルミナセラミック基板に Cu を直接メタライズする方法です。DBC（Direct Bonded Copper）法とも呼ばれます。液相の酸化銅（Cu_2O）とアルミナは濡れやすく、アルミナセラミックスと Cu を強固に接合することができます〔**図 4-49**（a）〕。

［5］活性金属接合法

　アルミナセラミックスと Cu は DBC 法で接合可能ですが、アルミナセ

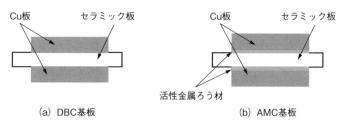

図 4-49 ● DBC 基板と AMC 基板の構造
（出所：筆者）

ラミックスよりさらに熱伝導性の良い窒化アルミニウム（AlN）基板や
窒化ケイ素（Si_4N_4）基板に Cu を接合させる場合は、DBC 法と同じく直
接接合法と、活性金属接合法があります。非酸化物である AlN や Si_4N_4
では、Cu_2O 共晶液相部分は濡れにくく接合強度が落ちます。あえて
AlN や Si_4N_4 基板表面に酸化層を形成して接合を可能にしています。そ
こで、活性金属接合（AMC：Active Metal brazed Coppor）法による
AMC 基板は、セラミック基板と接合金属との間にろう材を介して接合
する方法です〔図 4-49（b）〕。

4.11.6　セラミック基板の配線材料

　セラミック基板に厚膜ペーストを基板上に形成する方法は、スクリー
ン印刷法、描画法ならびに感光ペースト法です（表 4-8）。アルミナセ
ラミック基板上に製膜する方法としてはスクリーン印刷法が主流です。
　図 4-50 に、厚膜多層印刷法による多層基板の構成とその製造工程の
流れを示します。製造の流れを見ると厚膜ペーストの印刷、乾燥、焼成
が 1 つの組として、厚膜ペーストの種類を変えて繰り返し行うことで、
製品としてのセラミックプリント配線板が出来上がることが分かりま

表 4-8 ● 代表的な厚膜パターン形成方法
（出所：筆者）

方法	概要
スクリーン印刷法	スクリーンマスクを用いて厚膜ペースト（導体、抵抗体、保護ガラスなど）を基板上に印刷し、焼成する方法。スクリーン印刷マスクは必要だが、生産性は高い。
描画法	配線パターンの CAD データを用いて、基板上に厚膜ペーストをディスペンサー供給することで描画し、焼成する方法。スクリーン印刷マスクが不要で設計変更が容易。リードタイムも短いが、大型基板ではパターン形成に時間がかかる。
感光ペースト法	感光性を有する厚膜ペーストを、スクリーン印刷法により基板上に印刷し、露光／現像によりパターンを形成する。その後焼成する方法。露光マスク精度に依存するが、微細パターンが形成可能である。特殊な厚膜ペーストが必要であり、高価となる。

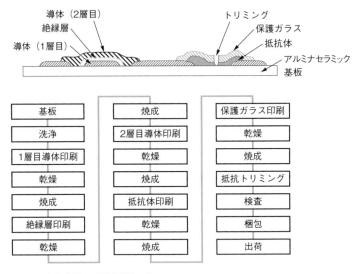

図 4-50 ● 厚膜基板の構造と製造工程
（出所：筆者）

す。製造のためには印刷機と乾燥炉、焼成炉があれば製膜が可能です。

［1］導体材料

導体配線を形成する材料は、貴金属と卑金属に分けられます。基板と

の接着力は、導体金属そのものによる化学結合と、導電体厚膜ペーストに含むガラスフリット成分の溶融によるものとがあります。

厚膜導電体ペーストは、金属粒径が約1～5μmの金属粉末に数wt（質量）％のガラスフリットを加え、これらと有機バインダーや有機溶剤などを混錬して作られています。フリットは基板との接着性を発現させる役割を果たし、3つに分類できます。ガラスボンド型（glass-bond type）、ケミカルボンド型（chemical-bond type）、ガラスボンド型とケミカルボンド型に添加されるフリットの両方を含むミックスボンド型（mixture-bond type）です（図4-51）。

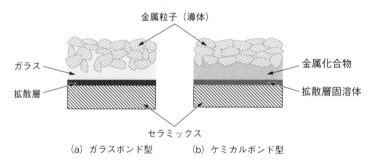

図4-51 ●厚膜導体と基板の接合構造
（出所：筆者）

［2］抵抗体材料

厚膜抵抗体としては、Ag系導体システム用としてRuO$_2$系が主に用いられています。Cu系導体システム用としては、還元雰囲気での焼成が可能な、LaB$_6$とSnO$_2$が用いられます（表4-9）。同表に示したように、LaB$_6$の抵抗範囲とSnO$_2$の抵抗範囲が10kΩ/□で重なります。

表 4-9 ●厚膜抵抗体の種類と特徴
（出所：筆者）

導体成分	焼成温度 [℃]	抵抗値範囲 [Ω/□]	TCR [ppm/℃]	焼成雰囲気	備考
Pd-Ag	760	1～1 M	±250～±300	大気	安価、>760[℃]以上で分解
RuO_2	850	10～10M	±50～±250	大気	安定
LaB_6	850	10～10k	+150～−100	N_2	卑金属導体と組み合わせ
SnO_2	850	10k～2.2M	+150～−100	N_2	卑金属導体と組み合わせ

［3］抵抗トリミング

　セラミック基板上に形成可能な受動素子は、抵抗、キャパシター、インダクターです。このうち、膜素子としてキャパシターやインダクターは容量およびインダクタンスの値に限界があるため、選択肢の広いチップ部品を搭載するようにしています。従って、セラミック基板上に形成する膜素子としては厚膜抵抗素子が主体です。一般に、厚膜抵抗をセラミック基板上に形成した場合、その抵抗値精度は±20% 程度です。そのため、設計通りの抵抗値を得るための値への調整手段がトリミングです。抵抗膜のトリミングとして主に用いられるのは、レーザートリミング法とサンドブラスト法です。

①レーザートリミング法：レーザートリミング法は、高エネルギーで短いパルス幅のレーザー光を使い、抵抗体を蒸発させて切削することで抵抗値を調整する方法です。小型化した抵抗膜の調整もしやすいレーザートリミング法が現在では主流となっています。

②サンドブラスト法：サンドブラスト法は、5～50μm のアルミナ（Al_2O_3）粉末をノズルから高圧・高速で噴射して抵抗体を削っていく方法です。確実に削り取るために基板側も少し削り取る程度に加工し

ます。トリミングの速度は 5〜8mm/min 程度です。サンドブラスト
はサンド（砂）をブラストする（吹き付ける）ことで、対象物を加工
する方法です。

4.12 受動部品

4.12.1 表面実装部品の特徴

［1］実装性面

①リード線がなく部品自体の外形も小さくて実装密度向上に有効

②基板の表面のみで電気的、機械的接続にするため、基板の反対面側も
部品搭載に使用できて実装密度の向上に有効

［2］コスト面

①リード線がないので部品の自動供給と部品搭載が容易で、自動組み立
ても容易。製品全体の組立費が減少し、全体のコスト低減が可能

②両面実装による高密度実装が可能となり、従来の実装方式に対して基
板面積が削減できる。これにより、基板材料コストや製造コストの低
減が可能

③挿入穴の加工箇所を減らすことができるので、基板のドリル穴開け加
工時間を削減でき、基板のコスト低減が可能

［3］特性面

①表面実装部品は基板上に直接固定接続されるため、一般には振動や
ショックに対して信頼性が向上。ただし、例えば、Al 電解コンデン
サーのように背の高い部品、あるいは電源周りに使用されるインダク

ターのように大型で重心が高い部品は、車両に搭載する位置によって
は振動に対する対策が必要

②表面実装部品はリード線がないので、浮遊容量、浮遊インダクタンス
が小さくなって高周波特性が向上

③表面実装部品はリード線がないので、部品モジュール内あるいはマ
ザーボード上で各部品間の配線長が短くなり、信号伝搬遅延が小さく
て伝送特性が向上

4.12.2　抵抗

　角チップ抵抗は、セラミック基板（通常96%アルミナ）上に、銀（Ag）
あるいは銀パラジウム（Ag-Pd）電極を印刷形成後、抵抗体〔主に酸化
ルテニウム（RuO$_2$）〕を印刷焼成します。さらに保護ガラスを形成し、
端子電極部にニッケル（Ni）めっきを中間層として形成し、最外層には
んだめっきを行います。最後に、抵抗値調整を行います（図4-52）。
チップ抵抗の電極は鉛フリー対応のために、はんだめっきからスズめっ

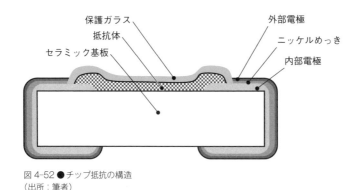

図4-52 ●チップ抵抗の構造
（出所：筆者）

きに替わりつつあります。

　抵抗素子は、通電によって自己発熱します。そのため、使用温度環境に応じて定格電力の軽減曲線が決められています。面実装部品の放熱は、プリント配線板と接続される端子電極から熱伝導で行われます。長辺電極品は、通常の短辺電極品と比べた場合、同じ定格電力で設計すると小さくできることが明らかになり、最近の高電力化の要求とも相まって長辺電極の重要性が高まっています[8]（図4-53）。

(a) 通常短辺電極品　　　　　　　　　　(b) 長辺電極品

図4-53 ● 通常短辺電極品と長辺電極品（抵抗）
（出所：筆者）

4.12.3　インダクター

　インダクターはさまざまな用途に使われます。最近では車両の電動化でモーター制御のためのインバーターが注目されていますが、この中にも使用されています。インダクターは電源用、フィルター用そして電力用リアクトルです。

　電源系に用いられるものは、電源のスイッチング周波数が高くなる傾向にあり、それに伴ってインダクタンス値が小さくなって小型化する方向にあります。車載インバーターでもスイッチング周波数の高周波化が

検討されており、電力用リアクトルも小型化されていく方向です。高周
波回路向けのインダクターは、従来の巻き線式から導体と磁性体を厚膜
印刷で形成積層する構造のものが、チップインダクターとして使用され
ています。

4.12.4　キャパシター（コンデンサー）

　国内ではコンデンサーという表現が普及していますが、「蓄電装置」
のみを意味する表現はキャパシターが相当します（COLUMN 参照）。
コンデンサーの種類としては、セラミック、フィルム、タンタルおよび
アルミ電解があります。各コンデンサーの特徴を表4-10に整理して示
します。フィルムコンデンサーとタンタルコンデンサーは共に、以前は
車載電子製品に多く使用されていましたが、セラミックコンデンサーの
高耐圧化、大容量化[1]、あるいは高温対応化などもあり、順次いずれも
セラミックコンデンサーに置き換わってきています。

表4-10 ●各種コンデンサーの特徴
（出所：筆者）

	セラミック	フィルム	タンタル	アルミ電解	導電性高分子
誘電体	セラミックス（$BaTiO_3$、TiO_2 など）	ポリエステル、ポリプロピレン、ポリスチレンなど	五酸化タンタル（Ta_2O_5）	酸化アルミニウム（Al_2O_3）	
小型化	○	×	○	◎	○
周波数特性	◎	◎	◎	×	◎
温度特性	◎〜×	◎	◎	×	○
高電圧	○	◎	×	○	×
高容量	△	△	○	◎	○
寿命	◎	◎	◎	×	○
価格容量比	×	×	○	◎	○

[1] セラミックコンデンサー

　セラミックコンデンサーは温度補償用と高誘電率系とがあります。温度補償用コンデンサーは温度係数が小さいものであり、主に使用されているのは、温度が変化しても静電容量が変化しない温度係数が±0ppm/℃のコンデンサーであり、静電容量の安定性を生かした用途の場合です。

　セラミックス材料として酸化チタン（TiO_2）、チタン酸カルシウム（$CaTiO_3$）、チタン酸マグネシウム（$MgTiO_3$）などがあります。$CaTiO_3$は正の温度係数（温度が高くなると静電容量が増加する）を持ちますが、$MgTiO_3$は負の温度係数（温度が高くなると静電容量が減少する）を持ちます。この2つの原料の混合比を変えることで、さまざまな温度係数のコンデンサーを製作できます。

　温度補償用のセラミックス材料の比誘電率は約5〜300です。一方、高誘電率系コンデンサーの特徴は、その名の通り温度補償用と比べた場合、セラミックス材料の比誘電率が約500〜2万と非常に大きいことです。この高誘電率系コンデンサーのセラミックス材料は、チタン酸バリウム（$BaTiO_3$）を主成分としています。静電容量の温度変化率が±10％以内と小さいB特性のものと、＋30％〜－80％以内の変動が許容されるF特性とがあります。

　セラミックコンデンサーの内部構造を図4-54に示します。過去には、MLCC（Multi-Layer Ceramic Capacitor）の内部電極はパラジウム（Pd）、銀パラジウム（Ag-Pd）などの貴金属が使われていましたが、現在ではコストダウンのために卑金属であるニッケル銅（Ni-Cu）が使

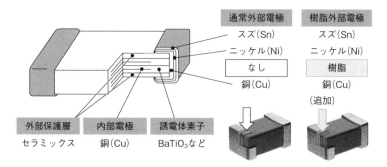

図 4-54 ●MLCC の構造
（出所：筆者）

われています。それに伴い、外部電極も従来であれば Ag-Pd 電極と
なっていましたが、現在では図 4-54 に示すように、下地電極を Cu と
して、中間電極を Ni、最外層をスズめっきとする構造に変わってきてい
ます。

［2］アルミ電解コンデンサー

　アルミ電解コンデンサーは、大容量を必要とする回路に主に使用され
るため、面実装タイプとリード付きタイプが広く使用されます。長期使
用における容量低下を防止するために、封口部長さを短くするために背
高になる傾向にあり、車載電子部品の中では耐振性に配慮した部品の選
択、あるいは実装構造を考慮する必要があります。アルミ電解コンデン
サーの主な構成要素は、リード端子、陽極箔、電解質、電解紙（絶縁
紙）、および陰極箔です。部品としては、さらに外部ケース、台座ならび
に封口ゴムも構成要素です（図 4-55）。アルミ電解コンデンサーの電
解質は、電解液、導電性高分子を用いるものと、またその両者を両方使
用するハイブリッドと 3 種類のタイプがあります。表 4-11 は 3 種類の

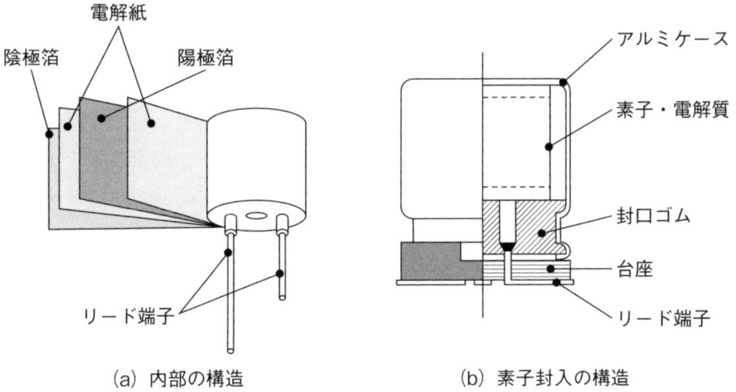

（a）内部の構造　　　　　　　　　（b）素子封入の構造

図 4-55 ● SMD タイプのアルミ電解コンデンサーの構造
（出所：筆者）

表 4-11 ● 電解質による分類
（出所：筆者）

	アルミ電解	ハイブリッド	導電性高分子
電解質（陰極材料）	電解液 （湿式陰極）	電解液＋ 導電性高分子 （固体陰極）	導電性高分子 （固体陰極）
定格電圧	～800［VDC］	～125［VDC］	～100［VDC］
ESR	高い	中くらい	低い
リップル電流	低い	中くらい	高い
静電容量	多い	中くらい	少ない
漏れ電流	少ない	少ない	多い
等価損失	少ない	少ない	多い
寿命推定	10℃2倍則	10℃2倍則	20℃10倍則

寿命推定：一般論です。各メーカーごとに独自の計算式を適用しているので、実使用時は個別確認が必要。

特徴を示します。

　これまで述べたように、電解液を用いたアルミ電解コンデンサーは、他のチップ部品に比べて熱に弱い部品になります。そのためリフロー条件をきちんと管理する必要があります。電解液が高温となる環境下では

電解質の減少も加速されるので、予想以上に早く寿命を迎えることにもなります。

◀ COLUMN ▶

キャパシターとコンデンサー

　日本では、電気の分野でコンデンサーとキャパシターという言葉は同じものを指し、いずれも「蓄電装置」を意味します。英語では「容量」という意味の語源を表すキャパシター（capacitor）と表現します。コンデンサー（kondensator）はドイツ語で、日本語では蓄電器と長らく呼ばれていました。しかし、皆さんもご存じのように電気の分野以外でもコンデンサーという言葉は使われます。世界大百科事典（平凡社）には以下のような記載があります。「コンデンサー condenser ①、②は省略。③化学工業分野におけるコンデンサーは凝集器を意味し、特に水蒸気を扱う分野では復水器を意味する。④光学分野におけるコンデンサーは集光器のことで、集光レンズあるいは集光反射鏡を意味する。集光器は結像を目的とせず、目標の位置を均一に強く照らすのに用いられる」。③の意味は、車載のエアコンシステムにおける冷凍サイクルで重要な役割を果たします。車室内を冷やした冷媒はコンプレッサーに回収されて、高圧高温の冷媒になります。これがコンデンサー「凝集器」に送られて冷却されます。あるいは、冷蔵庫のコンデンサーといえばイメージしやすいでしょうか。また、JEITA発行の『2026年までの電子部品技術ロードマップ』p.149の図表3.1.2.1-2「各種コンデンサーの分類に示されるa）誘電体あり」では、全てコンデンサーと表現されていますが、「b）誘電体なし」に分類される2つの部品は「電気二重層キャパシター」「リチウムイオンキャパシター」と、キャパシターと表現されています。これは、最近開発された大容量の部品に関して、新規性をアピールする意味で使われているようです。

4.13 SiP パッケージ

携帯電話の普及とともに注目されるようになった SiP（System in a Package）が、自動車用電子製品においても利用されるようになりました。

4.13.1 車載電子製品の動向

車両の電子制御化は、1970 年代の排出ガス規制に対応し、エンジン制御の分野から始まりました。その後、さまざまな制御システムが開発搭載されるようになり（図 4-56）、車両という限られた空間内に電子制御製品を搭載するために、車載電子製品は小型化を、さらに車両燃費向上のために軽量化も合わせて実現する必要がありました。そのため、電子制御製品の搭載数量が増加し始めた 1990 年代以降は、車載電子製品

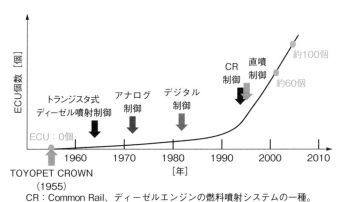

図 4-56 ●パワートレーン制御の進化と車載 ECU の増加動向
（出所：筆者）

の小型化を実現するためにさまざまな民生の小型化手法を参考にしてき
ました（図4-57）。

　その中で、一番効果的だったのが、半導体チップへの回路の集積によ
る1チップ化でした。最初に制御CPU周りの部品〔メモリー、I/Oイ
ンターフェース回路、タイマー回路など個別のチップで構成されていた
もの（図4-58の左側図）〕を1チップ化していきました（図4-58の

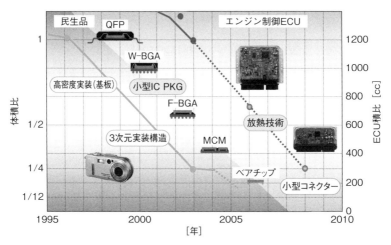

図 4-57 ●民生品と車載 ECU の小型化動向
（出所：筆者）

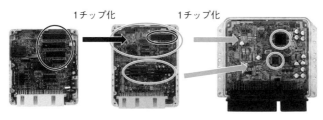

図 4-58 ●車載半導体の 1 チップ集積化（SoC）
（出所：筆者）

中央図）。その後は、このマイコン周りの汎用回路も1チップに集積していきました。さらには、エンジン制御で必要な周辺回路部分も半導体チップに集積し、エンジン制御 ECU としての外付け周辺回路を簡素化していきました（図4-58の右側図）。

最近では自動運転技術の開発が急務となっており、その制御をつかさどる半導体は、それぞれ専用の半導体チップとして開発されています。しかも、それぞれが最先端技術を競っています。最新の技術を利用した自動運転車両をスピーディーに開発するためには、それら最新の半導体部品を組み合わせて利用する必要があります。複数の半導体チップを1つのパッケージとしてまとめて製品開発先に供給する必要が出てきました。

4.13.2 SiP と SoC

最初に SiP（System in a Package）と SoC（System on a Chip）について整理します。SoC は1つの半導体チップ上にある規模を持つ「システム」を集積搭載したものです。図4-58に示したように、以前は大きなプリント配線板（マザーボード）上にたくさんの IC を搭載して実現していたシステムを、現在では1つの半導体チップ上に実現しています。一方、SiP は1つのパッケージ内に複数の半導体チップを内蔵搭載し、大規模なシステムを実現したものです。

車載電子製品の1チップ化は SoC といえます。SoC のメリットは、究極の小型化が得られることです。SoC 開発は自動車用の場合、開発期間が長くなります。しかし、最近の車両開発サイクルの短縮化と技術革新の速さ、特に自動運転分野では次々に新しい技術を取り込むことで、自

動運転技術の向上を図ることができます。そのため、SoC 化一本やりのスタイルでは、車載電子製品の開発において他社との競争についていけなくなる可能性が出てきました。

また、SoC を開発するメーカー側でも、全く新しい機能のチップを開発する場合はそもそも開発期間が長くなります。そこで、"餅は餅屋"の流れが出てきて、自分のところで得意の機能の半導体チップは自己調達し、それに関連する周辺機能のチップは、別の専業メーカーから調達するようになりました。これまでは SoC 志向だった車載電子製品も、SiP 部品の採用を進めなければならない状況を迎えています。

4.13.3　SiP のパッケージと実装

SiP の具体的な構造は図 4-59 に示すように、半導体チップをインターポーザー基板上に 2 次元（平面）的に並べたもの（比較的チップ数が少なく小型のチップな場合）と、3 次元（チップを積層）的に構成する場合があります。この例では、インターポーザーあるいはリードフレームとの接続はワイヤボンディングの場合を示しています。

SiP のパッケージとして小型最適化を図るためには、半導体チップの

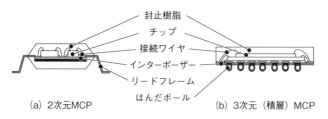

図 4-59 ● SoC を実現するパッケージ構造
（出所：筆者）

レベルでの設計の調整が重要です。インターポーザーの配線を複雑にしないために、半導体の引き出し端子の並びをそろえることが大切になります。すなわち、Jisso1 次レベルの設計が Jisso2 次レベルの設計しやすさ、パッケージの小型化に影響を与える良い例です。

　SiP パッケージは、パッケージ外形寸法がその機能から大きくなりがちです。外形サイズの大きな QFP、あるいは多ピンの BGA パッケージになると想定できます。大型パッケージの実装は、実装工程におけるリフロー時に基板が変形し、同時にパッケージも反ることを想定して実装工程を確認する必要があります。

参考文献

1) Jisso 技術ロードマップ専門委員会、「2019 年度版 実装技術ロードマップ」、電子情報技術産業協会、pp.259-261、2019 年.

2) ハイブリッドマイクロエレクトロニクス協会編、「エレクトロニクス実装技術基礎講座 第 5 巻 搭載部品」、工業調査会、pp.97-102、1995 年.

3) ハイブリッドマイクロエレクトロニクス協会編、「エレクトロニクス実装技術基礎講座 第 4 巻 実装組立技術」、工業調査会、pp.31-61、1994 年.

4) ハイブリッドマイクロエレクトロニクス協会編、「エレクトロニクス実装技術基礎講座 第 4 巻 実装組立技術」、工業調査会、pp.106-128、1994 年.

5) 近藤宏司、「熱可塑性樹脂と粉末冶金を用いた 3 次元実装技術」、エレクトロニクス実装学会誌、Vol.14、No.5、pp.413-414、2011 年.

6) ハイブリッドマイクロエレクトロニクス協会編、「エレクトロニクス実装技術基礎講座 第 2 巻 実装基板」、工業調査会、p.70、1995 年.

7) 高橋泰子、「初歩から学ぶプリント基板第 3 回 リジッド基板の構造と製造法、IC の微細化につれ高密度・複雑に」、日経エレクトロニクス、pp.70-74、2020 年.

8) JEITA 部品技術ロードマップ専門委員会、「2028年までの電子部品技術ロードマップ」、電子情報技術産業協会、p.233、2019 年 3 月.

9) JEITA 部品技術ロードマップ専門委員会、「2028年までの電子部品技術ロードマップ」、電子情報技術産業協会、p.212、2019 年.

第4章

第 **5** 章

Jisso4次レベル（筐体接続）の概要と実際

5.1 製品のパッケージング

　ここでは、車載電子製品に関するパッケージングについて考えます。センサー、電子制御ユニット（ECU）ならびに機電一体（インテリジェント）アクチュエーターなどです。インバーターユニット（PCU：Power Control Unit[*1]）は、パワーデバイスや周辺回路部品を冷却するための冷却機構まで含めた大型のユニットになります。

*1 PCU（Power Control Unit） PCUという言葉は、特定の自動車メーカーがインバーター部分を含む主機モーターを制御するユニットの呼び名として使い始めました。その後、徐々に他社においても使われるようになり、広く認められてきた表現です。最近では、さまざまな講演会でもPCUという言葉が使われるようになってきました。

　自動車部品に関する言葉・表現はこのように、製品開発プロジェクトの最初の段階で付けられたローカル的な用語がその後、認知度の上昇とともに普及していった言葉が多くあります。例えばEFI（Electronic Fuel Injection；電子制御燃料噴射装置）もローカル的な用語でした。各社各様でこの時期にEGI（Electronic Gasoline Injection）やPGM-FI（ProGraMmed Fuel Injection）などの表現が各社の車両カタログをにぎわせました。現在ではEFIという言葉が一般化し、『新日英中自動車用語辞典』（自動車技術会、2011年5月発行）にも掲載されています。PCUももちろんこの用語辞典に掲載されています。

　図5-1に回転センサーのパッケージングの例を示しました。MREセンサーの例です。磁束検出の半導体チップと磁石との位置関係を精度良く固定することが、このパッケージングのポイントです。

　また、自動車用の各種電子製品は、搭載位置次第で防水構造を要するとともに、センシング部分にも製品 筐 体の内部に防水機能を持たせる

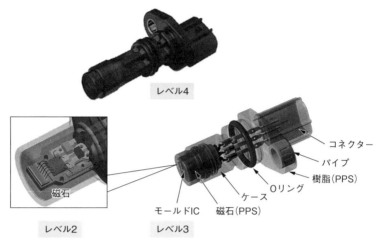

図 5-1 ● 回転センサーのパッケージング
（出所：筆者）

必要があります。検出信号を筐体外部に存在する各種 ECU に伝達する

ためです。図5-1 に示す O リングは、製品筐体内部への水の浸入を防

ぐ役割をしています。

　図5-2 は ECU のパッケージングの例です。車両に搭載されている多

くのシステムの制御を行う ECU の形態は、ここに示したものが一般的

です。これはパワートレーン制御の ECU なので、外部との接続用コネ

クターの極数が多いのですが、極数の少ないものも数多く搭載されてい

ます。一般的な回路基板実装を行った後、この外部インターフェースと

なる多極のコネクターの実装を行い、回路基板の上下を挟み込むように

筐体を設計準備します。ECU 製品が、被水環境下に搭載される場合は、

上下筐体の合わせ面とコネクターとの接触面に、防水シール材を挟み込

んで防水構造とします。

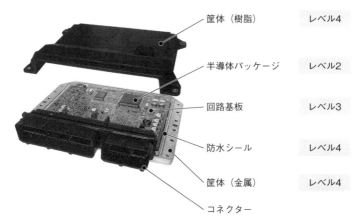

図 5-2 ● ECU のパッケージング
（出所：筆者）

　図 5-3 は DVD ドライブ内蔵のナビゲーション製品の分解構成図で
す。前面パネルの開閉機構や DVD ディスクの挿入排出機構など、多く
のメカ機構を含めて既定の外形寸法に収める必要があります。最近はナ

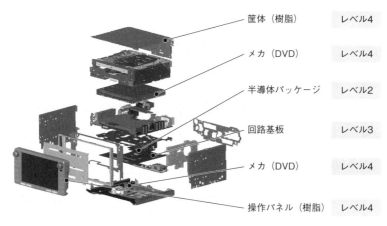

図 5-3 ● ナビゲーションのパッケージング
（出所：筆者）

ビの表示部分の大画面化により、本体サイズの制約は少なくなりました

が、従来は2DIN（Deutsch Industrie Norm）[*2] サイズが基本でした。

＊2 DIN（Deutsch Industrie Norm） ドイツで決められた工業規格のことです。自動
車分野でもさまざまな規格がありますが、皆さんがよく耳にするのはカーオーディオの取
り付けのとき、コンソールボックスの内側寸法内に収まるかどうかの判断をする場合だと
思います。
　参考までに大きさを記載しておきます。
1 DIN　縦50×横178mm
2 DIN　縦100×横178mm
　ナビゲーション本体は、2 DINサイズに入るように設計するための苦労がありました。
ディスクドライブなどは、それに合わせて小型化されています。

図5-4はパワーウインドーコントローラーを組み込んだパワーウイ

ンドーモーター部です。2枚のセラミック回路基板をリードフレーム上

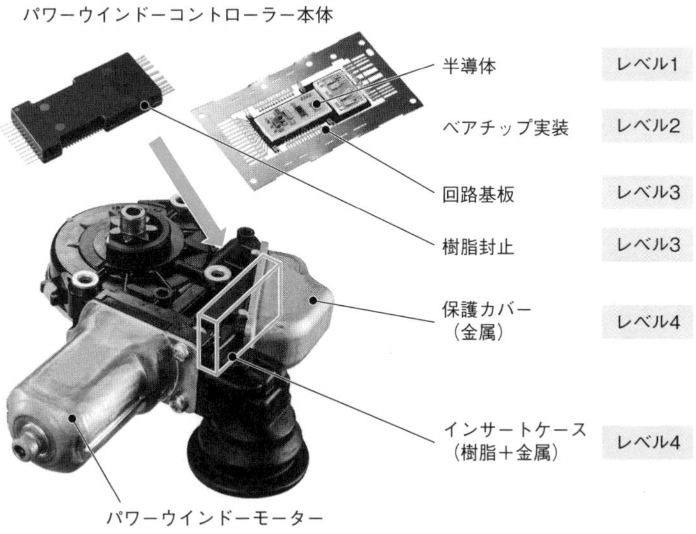

図5-4 ●機電一体製品のパッケージング
（出所：筆者）

に接着固定し、半導体パッケージのように樹脂封止しています。図のように細長い（大きさは約 40mm×20mm）ものです。

また、この製品はセンサーのパッケージングと同じように、コネクター部を含めたインサートケースとコントローラー本体の端子とを溶接して電気接続しています。加えて、電源周りおよびノイズ対策のインダクターとコンデンサーを合わせて搭載しています。モーターを制御する機電一体製品では、大型の受動部品の搭載方法も考慮して、インサートケースを設計するところがパッケージ設計では重要になります。

図5-5にPCUのパッケージングを示します。この製品も自動車メーカーからの搭載制約に収められるように、形状の設計をしています。この製品のパッケージングで重要なのが、パワーデバイスの配置と冷却機構の組み立て、パワーデバイスの制御信号端子と制御回路基板との電気

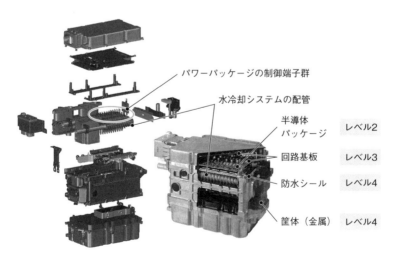

図 5-5 ●PCU のパッケージング
（出所：筆者）

的接続組み立ての方法です。また、パワーデバイスと制御回路基板の配置関係が決まると、回路基板との接続の方法を考えなくてはなりません。端子をはんだ付けしてしまうと、自動車ディーラーでの部品の一部交換修理が難しくなります。

このように、多くの部品で構成された電子製品は、最初の組み立てのことだけではなく、市場出荷後の修理交換やメンテナンスのことを考えた部品交換単位を意識しなければなりません。すなわち、ある部分は信頼性を重視して分解できないようにし、ある部分は分解・交換を意識した接続方法を採用する設計の考え方が必要になります。

5.2 熱設計

「温度」あるいは「熱」とは何でしょうか。「温度」はある状態を表し、「熱」は外から何らかの行為により状態を変える力（エネルギー）を加えることを表します。

「熱」と「温度」の関係は、図 5-6 に示す関係で説明されます。すなわち、同じ水の量を 2 つの底面積が異なる容器に入れた場合、水の高さが異なります。このある状態を表すのが、温度になります。容器の底面積は熱容量になります。水の量が熱になるわけです。

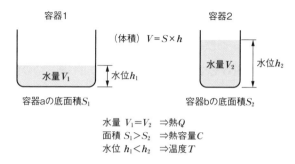

図5-6 ●熱と温度の関係の説明
（出所：筆者）

5.2.1　熱設計の重要性

熱設計には、重要な5つの要因があるといわれています。

［1］**機能要因**：回路素子自身の動作が保証されない。

［2］**寿命要因**：搭載部品の寿命が短くなる。

［3］**機械的要因**：回路部品の接部が疲労破壊する。

［4］**化学的要因**：使用する樹脂などの材料が特性劣化する。

［5］**人的要因**：使用時にやけどをする。

これらのうち、人的要因は車載電子製品に関してはあまり気にする必要がありません。自動車に搭載されている多くの電子製品は、人の手に触れる所や目にする所には、搭載されていないからです。

5.2.2　熱の伝わり方

熱設計は、主に放熱設計になります。自動車における熱マネジメントは、冷暖房の熱を含めたエネルギー効率ですが、電子部品の熱設計は主

に放熱という視点です。

　熱の伝わり方は、熱流量［W］、熱の伝わりやすさ［W/K］と温度 T_i［K］を使って以下のように表せます。また、熱の伝わり方を考える場合、空間的な広がりと、時間的な経過の両方を考える必要があります。ここでは、時間を単位時間として規格化し、熱流量（熱輸送量）［W］〔＝［J/sec］〕で考えます。

熱流量＝熱の伝わりやすさ×温度差（T_2-T_1）

熱流量＝熱の伝わりやすさ×2点間の温度差 ΔT_{2-1}

　熱いやかんに触れるとやけどする例が熱伝導です。暖をとるために石油ファンヒーターの温風に触れることで体が温まるのは対流熱伝達です。また、太陽の光に当たることで、体が暖かく感じるのは、熱放射です。一般に、伝導、対流伝達および放射と呼ばれる3種類の形態があります。

5.2.3　熱と電気回路の関係

　熱流量と温度差、熱抵抗との間には以下の式が成り立ちます。

$$熱流量［W］＝\frac{温度差［K］}{熱抵抗［K/W］}$$

　ここで、温度の単位表示に関して説明します。［℃］と［K］は、温度刻みは同じですが、［K］は絶対温度を表記する場合に使います。すなわち、温度の絶対値を表す場合は、［℃］と［K］では換算が必要です。

$$［℃］＝［K］-273.15$$

　上記の関係にあります。ここでは、温度差を扱うので、［K］で表現し

ました。しかし、他の参考書を参考にする場合、熱抵抗の単位は一般に
［℃/W］で表しているので、本書では、上記式を以下のように表現しま
す。

$$熱流量[W] = \frac{温度差[℃]}{熱抵抗[℃/W]}$$

これは電気回路における電圧と電流の関係と同じです。

$$電流[A] = \frac{電圧差[V]}{抵抗[Ω]}$$

ここから、表5-1 に示すように、熱現象と電気現象の対応を整理し
て示します。この図から分かるように、以下の関係になります。

熱伝導のフーリエの法則　⟷　電気のオームの法則

熱流バランス　　　　　⟷　電流バランス（キルヒホッフの法則[*3]）

これにより、次に触れる熱抵抗回路においても、（熱）抵抗の直列則、
並列則が成立します。

表5-1 ●熱現象と電気現象の対応
［出所：筆者］

	熱現象			電気現象		
保存量	熱量	Q_H	[J]	電気量	Q_E	[C]
流量	熱流量	Q	[W]	電流	I	[A]
ポテンシャル	温度差	ΔT	[℃]	電位差	ΔV	[V]
抵抗	熱抵抗	$R = \Delta T/Q$	[℃/W]	電気抵抗	$R = \Delta V/I$	[Ω]
容量	熱容量	$C_H = \Delta Q_H/\Delta T$	[J/K]	電気容量	$C_E = \Delta Q_E/\Delta V$	[F]

＊3 キルヒホッフの法則（Kirchhoff's law） キルヒホッフの法則は第1法則（電流則：
current law）と、第2法則（電圧則：voltage law）があります。

第１法則：「（熱）回路網中の任意の１点より流出する電流（熱流量）の和は０である」というものです。任意の接続点について見た場合、その接続点より枝路へ流出する電流（熱流量）を正、枝路からその接続点へ流入する電流（熱流量）を負にとれば、その合計は０になるということです。

第２法則：「（熱）回路網中の任意のループを構成する枝路の電圧降下（温度差）の代数和は０である」というものです。任意のループを一巡するとき、その向きと枝路の電圧降下（熱流量の移動する方向）とが一致するときはその枝路の電圧（温度差）は正、逆向きのときは負にとれば、ループを一巡したときの総計は０になるということです。熱の場合は、こちらはあまり使いません。

5.2.4　熱抵抗回路網

　熱の伝わりにくさを熱抵抗という指標で表すことで、熱伝導現象を電気伝導現象と同じように扱えることは理解できたと思います。定常状態にある熱伝導現象は熱抵抗回路網に分解して記述表現が可能です。また、非定常すなわち発熱体あるいは熱損失を発生する部品に電気が流れてからの現象を表すのが、非定常熱伝導現象となります。電気回路における過渡現象と同じです。

　定常状態の熱伝導現象は、熱抵抗回路網で表せますので、図 5-7 に示すように直列則と並列則が成り立ちます。これを使って熱抵抗回路網を単純化する、あるいは対策すべき箇所を見つけ出すことができます。直列則から熱の伝わる経路において１カ所でも熱抵抗の大きな箇所があれば、その箇所の熱抵抗を下げることが対策のポイントです。並列則から熱の伝わる経路が複数あるため、そのうちの１カ所を低熱抵抗化できれば、他の箇所の熱抵抗の大きさの影響を小さくすることが可能です。このように、熱抵抗回路網を作ることで、対策箇所と対策方針の見通しを立てやすくなります。

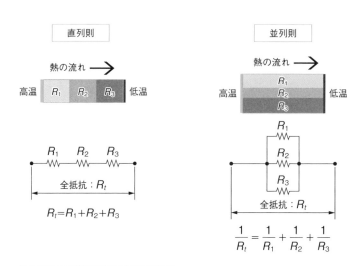

図 5-7 ● 熱抵抗における直列則と並列則
（出所：筆者）

5.2.5 その他の考慮すべき熱抵抗

　これまで熱抵抗について、2つの物理量の比として定義したもので説明しました。現実の世界では、発熱体から外気までの放熱経路は、そこに使われている材料やその形状がさまざまで、さらにそれらを複数組み合わせた構造になっています。ここではその中で、注目しておいた方がよい2つの熱抵抗について説明します。それは、拡がり熱抵抗と接触熱抵抗です。

拡がり熱抵抗：小さい発熱体を大きなヒートシンクに取り付けるなどの構造にすると、熱伝導の経路が大きく変化します。この場合、小さい物体の接触部から大きいヒートシンクに向かって温度勾配が急激に変化し、非線形となります。小さな発熱体の熱流量を Q ［W］とすると、接

続部分の温度 Tc は大きなヒートシンク側から直線的に外挿して求めた温度（接続表面温度）Ts より高くなります。この温度差を $\Delta Tc = Tc - Ts$ とした場合、拡がり熱抵抗は $Rth = \Delta Tc/Q$ として表すことができます。

接触熱抵抗：2つの熱伝導体を積層した構造では、2つの接触表面の粗さや反りの影響で、固体接触している部分が少ない状態です。接触熱抵抗の定義は、「2つの接触面の温度差を通過熱流束で割ったもの」です。接触熱抵抗を下げるためのポイントを整理しておきます。

［1］接触力を管理する。

［2］接触面積（見かけ上）を大きくする。

［3］互いの接触面の表面粗さを管理する。

［4］互いの熱伝導率を改善する。

［5］2つの接触面の隙間の流体の熱伝導率を改善する。

［6］相対的に軟らかい材料の硬度を管理する。

　これらは相互の関連する項目もありますが、全てに対応する必要はありません。最近では、［5］に対応した TIM（Thermal Interface Material）がいくつも開発されており、適切に選択して使用することが大切です。

5.2.6　冷却の方法

　熱伝導、対流熱伝達ならびに熱放射で説明した熱の伝わりやすさの式から熱抵抗の式を整理してみます。表 5-2 にその一覧を示します。ここから、物理的にできることは5つのパラメーターになることが分かり

表 5-2 ●拡がり熱抵抗を考慮した接触熱抵抗モデル
（出所：筆者）

放熱形態	熱抵抗 R	低熱抵抗化
熱伝導	$R = t/(\lambda \cdot S)$ t ：伝導経路の長さ ［m］ λ ：熱伝導率 ［W/mK］ S ：伝熱面積 ［m²］	・熱移動距離 t を短くする ・熱伝導率 λ を上げる ・断面積 S を増やす
熱伝達	$R = 1/(h \cdot S)$ h ：熱伝達率 ［W/m²K］ S ：放熱面積 ［m²］	・熱伝達率 h を上げる ・放熱面積 S を増やす
熱放射	$R = 1/(4 \cdot \varepsilon \cdot \sigma \cdot F \cdot S \cdot T_m{}^3)$ ε ：放射率 ［－］ σ ：ステファン・ボルツマン定数 F ：形態係数 S ：表面積 ［m²］ T_m：加熱面と周囲との平均温度 ［K］	・放射率 ε を1に近づける ・放射表面積 S を増やす

ます。

t ：熱移動距離を短くする。

λ：熱伝導率を上げる。

S：伝熱断面積、放熱面積、放射表面積を増やす。

h：熱伝達率を上げる。

ε：放射率を1に近づける。

　ここからさらに、具体的にできる対応策を整理しておきます（表5-3）。放熱の対策としては製品の小型化に反するものもあるので、バランスが大切です。以前は、車載電子製品は自動車部品全体から見ると補機といわれ、車両全体の部品搭載設計において優先順位が最も低い時代もありました。従って、車両上の搭載位置を少し見直すだけで放熱の対策が軽減できるという例もたくさんありました。最近では、電子製品の放熱対策の重要性が認識されるようになり、搭載位置の配慮もしてもら

表 5-3 ● 放熱性向上の具体策例
（出所：筆者）

	部品	回路基板	製品筐体
t：熱移動距離を短くする	短リード長パッケージ	パッケージ下にサーマルビアを設置。	部品から直接筐体へ熱伝達する。
λ：熱伝導率を上げる	ヒートシンク内蔵パッケージ	基板の残銅率を高める。銅箔厚さを増やす。基材の熱伝導率を高める。	筐体材質変更。水冷構造の採用。
S：表面積を増やす	部品にヒートシンク追加部品表面を粗くする	部品搭載面の銅箔面積拡大。部品間隔を広くする。	筐体表面に放熱フィンを設ける。車両の金属部に熱的接続する。
h：熱伝達率を上げる	部品表面を粗くする	部品間隔を広くする。	走行風の当たりやすい場所に搭載。
ε：放射率を1に近づける	表面を黒色処理する	放射率の高いソルダーレジストを採用。	筐体表面を黒色処理する（塗装、黒色アルマイトなど）。

える時代となりました。

　図 5-8 は、各種の冷却方式を整理して示したものです。直接浸漬冷却は自動車用には使われていません。整備メンテナンスまで考えると、

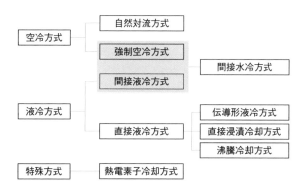

図 5-8 ● 各種の冷却方式
（出所：筆者）

液体を車両で扱うことは採用しにくいからです。

5.2.7　車載電子製品における具体事例

　車載電子製品には、自然空冷方式、強制空冷方式ならびに伝導形液冷方式が主に用いられています（**表5-4**）。それ以外では、ヒートパイプを用いた冷却の事例もあります。例えば、液晶メーターパネルのバックライトの冷却のために、ヒートパイプで熱輸送してヒートパイプの冷却端側に取り付けたアルミニウム合金製放熱フィンを自然空冷する場合です。

表5-4 ● 車載電子製品の冷却方式例
（出所：筆者）

	自然空冷	強制空冷	伝導形液冷
事例	TIM	CPUファン　Core CPUの冷却として使用	絶縁材料
冷却要素	TIMの高熱伝導化	ファンの信頼性向上	高熱伝導絶縁材料
素子発熱流量［W］	～2	～10	10～

TIM：Thermal Interface Material

5.2.7.1　空冷方式の例

　空冷方式には次のような例があります。

樹脂基板製品の例：電子製品で発熱量が多いのは、インバーターを除く

とエンジン制御の ECU です。自動車が稼働している間は動作し続けます。また、最近ではエンジンルームあるいはエンジン上に直接搭載（以下、エンジン直載）されます。そのため、ECU の周囲温度環境も厳しく放熱設計が難しくなります。図 5-9 にエンジンルーム内に搭載された ECU の例を示します。この ECU ではプリント配線板の厚さ方向に発熱素子の熱を伝え、ECU の外部金属筐^{きょうたい}体部に放熱する構造です。基板と金属筐体間の熱抵抗を小さくするために、熱伝導性接着材を用いています。

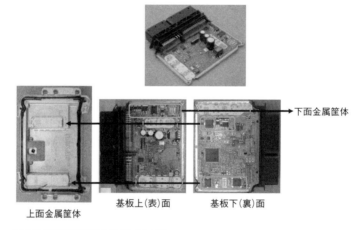

図 5-9 ● 樹脂基板製品の構成と放熱経路
（出所：筆者）

セラミックス基板製品の例：図 5-10 に製品例を示します。この製品はエンジン制御関連のモーター制御コントローラーです。この製品での発熱部品は、モーターを制御するパワーデバイスです。そのため、製品の搭載制約からくる（縦長）形状を有効活用するために、パワーデバイス

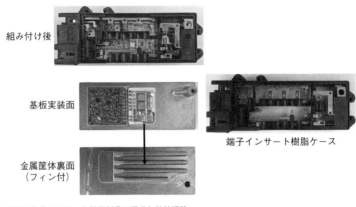

組み付け後

基板実装面

端子インサート樹脂ケース

金属筐体裏面
（フィン付）

図 5-10 ● セラミック基板製品の構成と放熱経路
（出所：筆者）

の製品の中央部に配置し、その対応裏面側に放熱フィンを設けて放熱面
積を拡大しています。これにより自然対流によって熱移動しています。

5.2.7.2　液冷方式の例

　自動車における液冷の代表例は、もちろんエンジンの冷却システムで
す。それ以外に、最近では主機モーターの冷却に油冷システムを使って
います。電子製品の液冷の事例は、当然ながら搭載温度環境が厳しく自
然空冷では放熱しきれない場合に採用します。ここでは、同じくエンジ
ン制御 ECU ですが、ディーゼルエンジン制御の ECU の例を示します。

　図 5-11 は ECU がエンジン直載された状態を示します。エンジン上
に図中の大きな丸印の 4 カ所でクーリングプレートをねじで固定してい
ます。そのクーリングプレート上に ECU を小さな丸印で示す 8 カ所で、
ECU 側に設けた取り付け穴を介してねじで固定しています。ここで、

図 5-11 ●クーリングプレートに搭載されている ECU
ディーゼルエンジン上に直接搭載されている状態。
（出所：筆者）

クーリングプレートに流れている冷媒は、ディーゼルエンジンの燃料で
ある軽油です。

　このように、製品の冷却・放熱を考える場合、製品が搭載される状態
を考慮して全体の熱マネジメントを考えることが大切になります。車載
電子製品の冷却を考える場合は、持ちつ持たれつの関係を利用すること
がシステム最適化のためにも必要です。

5.3　ノイズ対策・EMC 設計

　電子機器を扱う場合、避けて通れないのがノイズ対策です。顧客から
要求された機能を実現する回路を設計した後に悩まされるのが、誤動作

や使用中の予想しなかった故障です。多くの場合、それらの原因となっているのがノイズと呼ばれるものです。

5.3.1 EMC の目的

EMC（electromagnetic compatibility）は電磁両立性と訳されます。EMC の定義は、国際電気標準会議（IEC：International Electro-technical Commission）では以下の通りです。

「その環境において何物に対しても許容できない電磁妨害を与えることなく、その電磁環境において機器、装置またはシステムが満足に機能する能力」[*4]。

この定義の前半部分は、電磁ノイズ干渉を表す EMI（electromagnetic interference）のことです。すなわち、電磁的エネルギーが機器・装置から放出されることを意味し、これを emission といいます。一方、定義の後半部分は、電磁ノイズ耐性を表す EMI（electromagnetic immunity）のことです。しかし、どちらも EMI の表現となり、区別のために immunity（この言葉は免疫学で使われてきた用語）に対して、逆の意味になる電磁妨害に対する感受性を表す susceptibility を使って EMS（electromagnetic susceptibility）と表現されることもあります。

要は、ノイズを出す（妨害源）側とノイズを受ける（障害受動）側とを両立させることが EMC の目的です。電気・電子機器からのエミッション（emission）を少なくして、他の機器からの妨害に対するイミュニティー（immunity）を高めることです。EMC の定義の表現に記述されている「電磁妨害源」および「電磁環境」は、「電磁ノイズ」あるいは

単に「ノイズ」と置き換えることができます。

＊4 EMC のJIS による定義 JIS では「装置またはシステムの存在する環境において、許容できないような電磁妨害をいかなるものに対しても与えず、かつ、その電磁環境において満足に機能するための装置またはシステムの能力」と定義しています。

5.3.2 ノイズの種類

　ノイズを考える場合、先に述べたようにエミッション（ノイズの放出）と、イミュニティー（ノイズに対する耐性）の視点があります。そして、電磁的エネルギーの伝わり方には、放射性（radiated）のものと伝導性（conducted）のものとがあります。

　放射性とは、電磁エネルギーが電磁波として空間を伝わっていくものです。一方、伝導性とは、回路で発生した電気エネルギーが直接ケーブルを通して伝わること、電圧のノイズ源が電界の形成によって静電誘導、もしくは電界誘導として受動側に容量的に結合して伝わること、電流性のノイズ源が磁界の形成によって電磁誘導として受動側に誘導的に結合して伝わること、を指します。

　これらの放射性と伝導性は、それぞれエミッションとイミュニティーとの組み合わせで考える必要があります。すなわち、放射性－エミッション、放射性－イミュニティー、伝導性－エミッション、伝導性－イミュニティーの4つの場合を検討しなければなりません。

　また、ノイズでは次の3要素を考慮する必要があります。

［1］ノイズレベル：いわゆるノイズの大きさ（エネルギー）。

［2］持続性：発生時の時間的形態。連続発生か瞬時発生かの特性。

[3] 周波数：ノイズが持つ周波数成分の帯域。

　ノイズの発生由来は、自然ノイズと人工ノイズに分かれます。さらにそれぞれは、表5-5に示すように、回路素子によるもの、回路動作に伴うもの、外部の自然現象あるいは不要な無線電波によるものなどがあります。

　人工的なノイズをみると、自動車のアクチュエーターでは、その発生

表5-5 ●ノイズの種類と特徴
（出所：筆者）

発生源		内外部	レベル	持続性	周波数	概要
自然	熱雑音	内	低	連続	広	抵抗器の両端に発生するホワイトノイズ。 振幅一定、ジョンソンノイズと呼ばれる。
	増幅器雑音	内	低	連続	広	増幅器を構成するトランジスタや抵抗器からの熱雑音を含む。 デジタル回路への影響は少ない。
	静電気放電	外	高	瞬時	広	物体に充電された静電気の放電による過渡的なノイズ。 放電開始時は高い周波数成分で、後半は低い周波数成分を含む。
	雷放電	外	高	瞬時	狭	雷放電によるノイズ。 直撃雷と誘導雷がある。 比較的低周波成分だが、大電力である。
人工	負荷 ON/OFF ノイズ	内/外	高	連続	広	負荷を電気回路動作としてスイッチングしたときに発生する。誘導負荷では、特に大きな電圧発生ノイズとなる。自動車においては多い。
	放電ノイズ	内/外	高	瞬時	広	電力系統の遮断機の動作や、回路内のメカニカルリレーの解放時に端子間に発生する放電によるノイズ。リレーのチャタリングも含む。xEVのメインリレー動作で発生する。
	電磁波妨害	内/外	高	連続	広	無線電波による妨害ノイズ。
	デジタル信号妨害	内/外	高	連続	広	デジタル信号のHi/Lo変化に伴うノイズ。

由来の大半はモーターを筆頭とするソレノイド（電磁石による吸引力を利用する）です。誘導性負荷で大きな電圧を発生してノイズとなるのは、エアコンのマグネットクラッチの ON/OFF に伴う過渡電圧がその発生由来です（図5-12）。また、回路自身が発生するノイズには、マイクロコンピューターのクロック動作によるデジタル制御動作で発生するノイズがあります。これは、周辺の電子機器やラジオ周波数帯へのノイズとして重畳するため、特に厳しい規制がかけられて、事前の対策が必要な場合が多くあります。

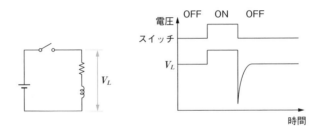

図 5-12 ●インダクタンスを含む負荷 ON/OFF 時の電圧波形
（出所：筆者）

5.3.3　ノイズとインピーダンス

ノイズの伝わる経路は導体と空間です。ここで、ノイズの伝わりやすさやノイズの放射しやすさ、ノイズの受けやすさを考察する指標として、関係する回路のインピーダンスという特性に注目します。

電気回路の最初にオームの法則を学びます。このとき、必ず電圧と電流の関係を定式化します。直流回路では、電圧を V、電流を I、比例定数である抵抗を R とすれば、以下の通りです。

$$V = R \cdot I$$

この式の意味するところは、ある負荷を含む回路において一定電圧をかけたとき、負荷に流れる電流は負荷の電流の流れやすさ（にくさ）である R に依存していること表しています（図5-13）。直流回路では、この R を抵抗値と表現します。すなわち、この抵抗値が大きくなると、同じ電圧を印可しても電流は少ししか流れません。例えば、ノイズ電流が流れにくくするために、ノイズ電流が流れているループの抵抗を大きくすることで、ノイズの低減が可能であるということです。

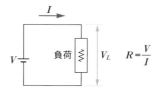

図5-13●直流おける電圧と電流の関係
（出所：筆者）

回路に流れる電流あるいは、発生する電圧には、直流と交流[*5] の電流電圧があります。そして、基本的な回路素子として抵抗、コイル、コンデンサー（キャパシター）があります。直流回路において抵抗、コイルおよびコンデンサーに流れる電流波形を図5-14に示します。それぞれの電流、電圧波形は $t = 0$ で、スイッチで各素子を直流の電源（例えば乾電池など）に接続した後の波形を示しています。

交流回路における抵抗、コイルおよびコンデンサーの電圧あるいは電流に対する働きを考えてみます。以降、各回路の特性を、抵抗 R [Ω]、インダクタンス L [H][*6]、静電容量 C [F][*7] として表現します。各素

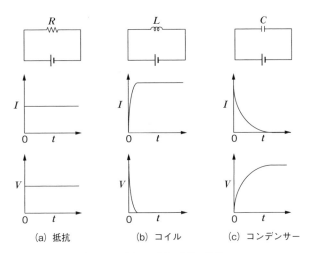

図 5-14 ●直流回路における各素子に流れる電流の状態
（出所：筆者）

子に流れる電流（実効値）を以下のように表すことにします。ここで、
X_L ［Ω］を誘導リアクタンス（inductive reactance）、X_C ［Ω］を
容量リアクタンス（capacitive reactance）と呼びます。

$$I_R = \frac{V}{R} \ [\mathrm{A}]$$

$$I_L = \frac{V}{X_L} \ [\mathrm{A}]$$

$$I_C = \frac{V}{X_C} \ [\mathrm{A}]$$

　交流回路でも抵抗については、電流と電圧との関係は互いの位相遅れ
はなく、抵抗で電流が消費されます。コイルに電流を流した場合、電流と
電圧の関係は、電流の位相が 90°（$= \pi/2$ ［rad］）電圧に対して遅れます。

$$X_L = \omega L = 2\pi f L$$

コンデンサーに電流を流した場合は、電流と電圧との関係はコイルに電流を流した場合と逆の関係になります。すなわち、電流の位相が90°（＝$\pi/2$［rad］）電圧に対して進みます。

$$X_C = \frac{1}{\omega C} = \frac{1}{2\pi f C}$$

交流回路において、電流を妨げる働きをするものを、インピーダンス（impedance）といいます。直流回路における抵抗 R と同じです。インピーダンスの大きさは、以下のように表します。

$$Z = \sqrt{R^2 + (X_L - X_C)^2} \ [\Omega]$$

ここで、X_L や X_C を含んでいます。これは、交流回路では R と同じように電流を妨げる要素だからです。ノイズを考える場合は、その信号の周波数とインピーダンスの関係を意識して考える必要があります。X_L や X_C には周波数 f の要素が含まれているからです。ノイズ源信号は、連続的なものであれ瞬時的なものであれ、多くの周波数成分を含んでいます。そのため、ノイズ源信号の周波数成分を解析してノイズ対策を行うことが重要になります。

*5 **直流と交流** 直流（direct current 略して d.c.）は、直流発電機や電池などの起電力や、これらに接続された回路に流れる電流について、それらの大きさおよび方向が時間的に不変であることを特徴としています。これに対し、時間に対して変化する電圧および電流が、それぞれ交流電圧（alternating voltage）、交流電流（alternating current）です。交流は略して a.c. と表現されます。よく DC および AC で表現されています。

*6 **インダクタンス素子（inductance element）** 素子に流れる電流によって形成される磁場に、エネルギーを蓄えることができる受動素子です。コイルのことです。形成される磁場によって、電流の変化に抵抗する特性を示します。また、形成された磁場に蓄えられる

エネルギーの量は、このインダクタンス素子のインダクタンス（inductance）L で決まります。その単位はヘンリー（H）です。交流回路におけるインダクタンス素子に流れる電流と電圧の関係は、以下の通りです。

$$v_1(t) = L \frac{di_1(t)}{dt} \ [\mathrm{V}]$$

ここでの L は、自己インダクタンス（self-inductance）になります。複数のコイルが近接していると、1 つのコイルに電流が流れることにより、隣接する第 2 のコイルに電圧が誘起します。コイル 1 による電流 $i_1(t)$ によって、コイル 2 に誘起する電圧を $v_2(t)$ とした場合、その関係は以下の式で表すことができます。

$$v_2(t) = M_{21} \frac{di_1(t)}{dt} \ [\mathrm{V}]$$

またその逆に、コイル 2 に流れる電流 $i_2(t)$ によってコイル 1 に誘起する電圧 $v_1(t)$ も同様の式で表すことができます。

$$v_1(t) = M_{21} \frac{di_2(t)}{dt} \ [\mathrm{V}]$$

このとき、$M_{12}=M_{21}$ をコイル 1 とコイル 2 との間の相互インダクタンス（mutual inductance）と呼びます。ノイズ発生源から別回路にノイズが誘起されるのは、この相互インダクタンスの作用によります。

＊7 容量素子（capacitance element） 図 5-14（p.189）のコンデンサーに示すように、静電容量（electrostatic capacity）C ファラッドのコンデンサーが $q(t)$ クーロンの電荷を蓄えているとき、その端子電圧 $v(t)$ は、以下のように表すことができます。

$$v(t) = q(t)/C \ [\mathrm{V}]$$

これを、電荷の時間変化が電流であるという関係を利用して、電流と電圧の関係は以下のように表すことができます。この関係で表すことができる素子を容量素子と呼びます。

$$v_1(t) = \frac{1}{C} \int i(t)\,dt \ [\mathrm{V}]$$

あるいは、インダクタンス素子と同じように微分形で表すなら、以下の通りです。

$$i(t) = C \frac{dv(t)}{dt}$$

最後の微分形の式から分かるように、ノイズ源の電圧変化が容量素子の存在（現実には、導体同士の近接）により、ノイズ電流発生の原因となります。

5.3.4　ノイズと周波数

　ノイズ対策を行うとき、時間軸で波形を観察することで、互いの信号のどのタイミングでノイズが重畳して誤動作するかを確認します。過渡的に発生するノイズを解析するためです。タイミングと共に、ノイズの波形の振幅を観察することが目的です。一方、カーラジオなどに重畳するノイズ対策をするためには、ノイズの周波成分を把握して対策することが必要です。すなわち、ノイズの特性や性質を知るためには、時間領域と周波数領域とでの信号解析を行うことが重要です。

5.3.5　ノイズの伝わり方

　EMC の規制を順守するためには、ノイズを出す側とノイズを受ける側との両立性を測る必要があります。そのために、ノイズ源を明らかにし、ノイズの伝わる経路を理解しておかなければなりません。その伝わり方として具体的には、導体を伝わる場合と空間を伝わる場合があります。導体を伝わる場合は、共通インピーダンスによる誘導なのか、導線を伝わってきているのかを確認します。空間を伝わる場合は、静電誘導（electrostatic induction）か、磁界の影響、電磁誘導（electromagnetic induction）か、あるいは電磁波放射なのかを見極める必要があります（表 5–6）。

表5-6 ● ノイズの伝わり方
（出所：筆者）

経路	要因	内容
導線	共通インピーダンス	複数の回路間で共通のインピーダンスを持つ配線部分に流れる電流により、意図しない回路への電圧の誘起。グラウンド配線に生じやすくグラウンドパターンの強化が有効。
	伝導	回路配線上に重畳する。伝わり方にコモンモードとディファレンシャルモードがある。差動入力による伝送、フィルターリングが有効。
空間	静電誘導	電界による誘導（容量性結合）。高い周波数のノイズであれば距離を離す・シールドが有効。
	磁界の影響	発生磁界（直流磁界）近傍にあることでの影響。発生源から距離を離す・シールドが有効。
	電磁誘導	電磁誘導（交流磁界）による誘導（誘導性結合）。高い周波数のノイズであれば距離を離す・シールドが有効。
	電磁波放射	電圧性あるいは電流性のノイズ源でも電磁波による伝播。電磁波の周波数に対応したシールドが有効。

5.3.5.1　共通インピーダンス

　共通インピーダンス（common impedance）とは、回路間で共通となる部分が持つインピーダンスのことです。共通インピーダンスによる誘導は、図5-15に示すように2つの回路間において、グラウンドまでの経路で共通導体となる部分が存在するとき、一方の回路（回路1）電流 i_1 によって誘起される電圧 V_N が、もう一方の回路（回路2）に影響を与えます。対策としては、共通インピーダンスを小さくするために、一般的にベタグラウンドと呼ぶグラウンド強化を行います。デジタル回路ではこのような方法が採用されています。

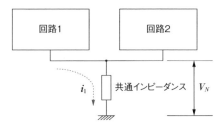

図 5-15 ● 2つの回路の共通インピーダンス
（出所：筆者）

5.3.5.2　ディファレンシャルモードとコモンモード（伝導）

　電流の伝わり方としてのディファレンシャルモード（differential mode）とは、電源と負荷が接続されただけの閉じた回路（**図 5-16**）において、電源から流れた電流 i が、負荷を流れた後に電源に戻ってくる電流の流れ方のことです。すなわち、普通の回路で回路が動作しているときの電流の流れ方です。そのため、ノーマルモード（normal mode）や差動モードとも呼びます。**図 5-16**（a）は、交流電源を使って負荷から電源に戻る電流 i を明示したものです。この回路でノイズ電圧 e_d が重畳した場合、負荷にそのまま加わって v'_L としてそのまま表れ

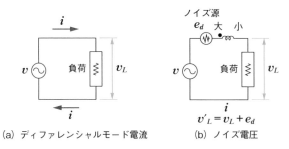

（a）ディファレンシャルモード電流　　　（b）ノイズ電圧

図 5-16 ● ディファレンシャルモード電流とノイズ源
（出所：筆者）

ます。そこで、負荷の前にコイルを挿入することで、高周波のノイズに対してインピーダンスを高めて、ノイズ電圧を小さくすることができます〔図5-16（b）〕。例えば、ノーマルモードコイル（フィルター）を挿入する方法があります。

　図5-17（a）は、回路として理想的な状態を表しています。これに対し、電源と負荷の間の配線のアンバランスがあると、電流の流れ方が変わります。ここでは、負荷から電源に戻る側の配線（戻り配線）が長く、配線インダクタンスが電源から負荷までより大きかったとします。それをLで表します。負荷から電源へ戻る電流は流れにくくなるためi'に減り、図5-17では回路を保護する筐体側に電流i''が流れるとします。もちろん、キルヒホッフの法則から$i=i'+i''$です。筐体と戻り配線の間のインピーダンスを、それぞれ電源側Z_a、負荷側Z_bとすれば、このi''によってそれぞれv_a、v_bの電圧がが発生します。$V_{ab}=v_a-v_b$とす

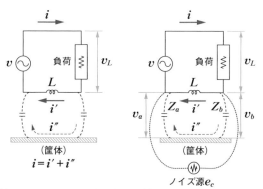

(a) コモンモードノイズ電流　　(b) コモンモードノイズ

図5-17 ●コモンモードノイズ電流の原因
（出所：筆者）

れば、v_{ab} は L と i' の電流変化すなわち、

$$v_{ab} = L\,\frac{di'}{dt}$$

として表すことができるノイズ源となる電圧を発生します。これをコモンモードノイズ（common mode noise）といいます。V_{ab} は電源に重畳し、負荷の＋側に伝わることになります。また、一般に筐体との間のインピーダンスはコンデンサーによるので、容量リアクタンスになります。従って、i'' の周波数が高くなればなるほど筐体側に流れやすくなります。コモンモードノイズが発生する原因は、電源−負荷間の配線（インピーダンス）のアンバランスによって発生したことです。コモンモードノイズ対策は配線を含む回路の平衡化を実現することになります。さらに、ノイズ強度を低下させるためには、コモンモードチョークコイル（フィルター）などが使われます。

5.3.5.3　電界（静電誘導）

電界（electric field）とは、電圧が発生している空間です。2 枚の金属の平行平板の間に電圧を加えているところをイメージしてください。片側が＋電位のとき、もう片方は−の電荷を生じてバランスを取ります。このように対になって電荷が発生することを静電誘導といいます。すなわち、帯電（電荷をもった）物体を導体に近づけると、帯電した物体に近い側に帯電物体の持つ極性とは逆の電荷が引き寄せられる現象のことです。

先の図 5-17（b）に示した、戻り配線と筐体間のコンデンサーにお

いて、この静電誘導が発生することで、i'' が流れることになります。
従って、一般の電子機器では、特に高周波領域では見えない形のコンデ
ンサーがいろいろな所に存在し、予期しない電流が流れることによって
ノイズ源となります。受動側としては、負荷と並列にコンデンサーをグ
ラウンドに接続し、侵入してきたノイズ電流をこのコンデンサー側を通
して素早くグラウンドにバイパスさせる方法があります。このコンデン
サーの役割は、ノイズを受ける受動側のインピーダンスを小さくするこ
とで、静電誘導により誘起される電圧を小さくするのが目的です。

5.3.5.4　磁界（電磁誘導）

　磁界とは、磁気が作用する空間のことです。導体に電流が流れたと
き、磁力線は導体の周囲に同心円状に形成されます。電流が流れること
で、磁力線が発生してノイズ源となるため、電流性のノイズ源です。ノ
イズ源側のループ回路にノイズ電流が流れたとき、このループ回路で形
成される磁力線が受動側の閉ループを貫通することで、受動側にノイズ
電圧が発生します。ノイズ電圧は、この閉ループを貫通する磁力線数の
変化によって発生します〔ファラデーの法則（Faraday's law）〕。

　電磁誘導では、図 5-18 に示すように、ノイズ電流 i_N による負荷 R
に誘起する電圧 v_R は、以下の通りです。

$$|v_R| = \frac{2\pi f M}{\sqrt{1 + \left(\dfrac{2\pi f L}{R}\right)^2}} |i_N|$$

この式から、受動側のインピーダンスを下げても電圧は小さくなら

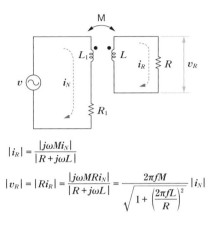

$$|i_R| = \frac{|j\omega M i_N|}{|R + j\omega L|}$$

$$|v_R| = |R i_R| = \frac{|j\omega M R i_N|}{|R + j\omega L|} = \frac{2\pi f M}{\sqrt{1 + \left(\frac{2\pi f L}{R}\right)^2}} |i_N|$$

図 5-18 ● 電磁誘導の等価回路とノイズ源の電圧
（出所：筆者）

ず、相互インダクタンス M を小さくする対策が有効であることが分かります。具体的には互いの距離を離すことです。

5.3.5.5 電磁波

電磁波（electromagnetic waves）とは、電界と磁界の相互作用によって連鎖的に形成され、空間を進んでいく波のことです。導線に電流が流れることで磁界が発生し、この磁界の変化が電界を生成します。この電界の変化が新たな磁界を発生させ、その変化によってまた電界が発生するという繰り返しです。このように磁界と電界の相互作用により、連鎖的に伝わっていくのが電磁波の特徴です。この電磁波の特徴は、発生源から距離が離れた地点での強度の減衰が少なく、遠方まで伝播できることです。

電磁波に対する対策は、基本的にシールドすることです。そして、

シールドする際には隙間のないように対象の電子回路を囲う必要があります。

5.4 コネクター

コネクターは一般電子部品の接続部品に分類されます。コネクターターミナルの接触信頼性が、システムの信頼性を左右する場合もあります。すなわち、回路基板を収納保護する外部筐体との組立嵌合<ruby>嵌合<rt>かんごう</rt></ruby>構造です。車室内に搭載される製品は、オスコネクターハウジングと筐体との関係については振動による干渉が生じないようすれば済みます（音の発生は、自動車メーカーから対策を求められます）。しかし、エンジンルームなど被水の恐れのある環境下の製品では、オスコネクターハウジングと筐体の嵌合合わせ面は、防水シールを使う必要があり、オスコネクターハウジング形状も設計者が考慮しないと、製品組立工程（実装後工程などという場合もあります）で、組み付けや検査がしやすい製品になりません。

5.4.1 ターミナルの接触理論

5.4.1.1 接触の考え方

接触とは、一対の金属片に力を加えて機械的に接触させ、その接触面を通じて電流を流すことです。その接触界面部分およびその近傍（接点）で、電位の降下を観察できます。これを接触（電気）抵抗と呼びます。

　一般に接点を大気中で扱う場合、その接触面は酸化被膜や他の汚染被膜で覆われていると考えられます。そのため、接点に印加する電圧によっては、この被膜を電子が通過できず、非常に大きな電気抵抗となる場合があります。この被膜の影響によって発生する電気抵抗を、被膜抵抗 R_f と呼びます。一方、接点に加える機械的な力（圧力）が大きい場合には、薄い被膜であればその被膜は機械的に破壊されます。

5.4.1.2　接触抵抗

　一対の金属の接触において、ミクロ的に観察すれば金属表面の粗さの存在により、有限の互いの突起部で接触しています。この接触部で電流は流れますが、接点で電流が絞られて、その後、拡散して流れます。そのために、新たにこの接点部で電気抵抗が生じます。これを集中抵抗 R_c と呼びます。従って、接触抵抗 R は、以下の式で表すことができます。

$$R = R_c + R_f$$

　まず、集中抵抗 R_c について考察します。同種の金属が接触している場合、以下の式で表すことができます。

$$R_c = \frac{\rho}{2a}$$

　これに対し、異種の金属が接触している場合は、両者の平均をとる形で表すことができます。

$$R_c = \frac{\rho_1 + \rho_2}{4a}$$

ここで、ρ_1、ρ_2 は接触金属の固有抵抗、a は接触部の円の半径を表します。この式は、接触部 1 点のみを表すので、実際は、この式は全ての接点の面積を足し合わせた式となります。

$$R_c = \frac{\rho_1 + \rho_2}{4 \sum_1^n a_i}$$

次に、被膜抵抗 R_f について考えます。

接点金属の表面に発生する汚染被膜には、無機物の被膜と有機物の被膜があります。この他に塵埃の機械的な付着や、沈積による被膜、粒子があります。さらに、吸着膜や不活性膜の形成があります。一般に 500nm 以上の厚い被膜は、印加された電圧の関数になるといわれています。さらに、一般的に卑金属では酸化が発生し、酸化皮膜が形成されます。酸化被膜の形成には、湿度が影響します。

5.4.2 コネクターの役割

コネクターは、ソケットの機能を電子回路ユニットの分割に役立て、相互を自由に交換できる自由度を高める貴重な役割を果たしています。コネクターは多くの接続ターミナルを一括で接続したり、切り離したりできます。具体的には次の役割を果たします。

[1] 多くの車載部品の多ターミナルをほぼ同時に短時間で接続したり、切り離したりする。

[2] 接続と同時にターミナル間や周辺物との絶縁を行う。

[3] 接続する相手ターミナルと、間違うことなく接続する。

これらの役割のおかげで、それぞれの車載部品は独立に設計すること

が可能で、部品の機能を向上させていくことも可能です。そして、部品の故障の際にも、その部品のみを交換することで修理作業が容易になります。

5.4.3 コネクターの機能

　パワートレーン系、ボディー系および安全系の各ECUに使われるコネクターは、多極I/Oコネクターです。［1］基本機能と［2］付加機能は次の通りです。

［1］基本機能

①車両組み立てなどにおいてコネクター篏合時に誤接続による極性反転をしない。

②車両使用期間中の電気的接続性を維持する（接触抵抗が小さい）。

③ターミナル部を保護する（隣接ターミナルを含めて絶縁性能を確保する）。

④コネクターの種類により、使用部品の筐体と一体となるインターフェースを備える。

⑤車載搭載環境に耐える（信頼性に関わる項目は後述）。

［2］付加機能

①ハーネスを束ねる。

②製品側コネクターとハーネス側コネクターの篏合時の篏合確認が容易である。

③小さな力でコネクターを篏合できる。

④搭載使用環境に応じて防水機能を実現できる。

⑤基板組み立ての製品側コネクターは組み立てが容易である（基板実装しやすい）。

⑥ハーネス側コネクターへのハーネス（ターミナル含む）組み立てが容易である（誤挿入しない）。

⑦コネクター輸送システムに適応し堅牢である。

⑧軽量・小型である（車両の燃費向上に貢献）。

5.4.4　コネクターの要素

　これまで述べたコネクターの機能を実現するために、コネクターを構成する要素はどのようなものがあるでしょうか。コネクターは身の回りにたくさんあるので、イメージはつかみやすいと思います。整理すると以下の通りです。

［1］オスターミナル

［2］メスターミナル

［3］オスターミナルを保持するコネクターハウジング（以下、オスハウジング）。

［4］メスターミナルを保持するコネクターハウジング（以下、メスハウジング）。

［5］オスとメスの両コネクターを篏合保持するロック機構。

　コネクター業界ではハウジングのことをカプラと呼び、それぞれオスカプラ、メスカプラと呼ぶことも多いのですが、ここではハウジングで統一します。

　次の構造で触れますが、オスターミナルとオスハウジングあるいはメ

スターミナルとメスハウジングの組み合せにおいて、それぞれのハウジングには、それぞれターミナルを保持する機能が必要です。

　オスターミナルとオスハウジングから成るコネクターをオスコネクターと定義します（コネクター業界では「プラグ」と呼ぶのが一般的ですが、オスとメスの混乱を防ぐためにここでは用いません）。また、メスターミナルとメスハウジングから成るコネクターをメスコネクターと定義します（コネクター業界では「ジャック」あるいは「ソケット」と呼ぶのが一般的ですが、オスとメスの混乱を避けるため、ここでは用いません）。

5.4.5　コネクターの構造

　一般的な車載製品側コネクター（オスコネクター）と、それに篏合したハーネス側コネクター（メスコネクター）の状態を図5-19に示しま

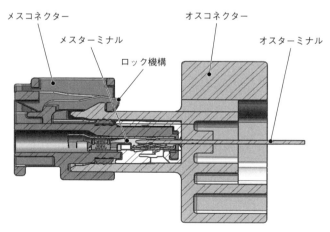

図5-19 ●コネクター篏合状態の断面
（出所：筆者）

す。以下、基本的に車載電子製品に多く用いられているインターフェース用コネクターを中心に解説します。ロック機構は一般に、オスコネクターとメスコネクターに設けた突起部の相互の引っ掛かりを利用した方式が多く採用されています。このロック機構は、単にオスとメスのコネクターの篏合保持の役割だけではなく、防水性保持と、最近は振動対策のために重要な役割を果たしています。

5.4.5.1 オスターミナルとメスターミナルの関係

両者の関係は、基本機能の電気的接続を、低い接触抵抗で保つための重要な役割を果たします。その篏合形状については、各コネクターメーカーが開発を行い、さらには自動車用コネクターのターミナルとして、そのオスターミナルサイズがそれぞれ規格化されています。

5.4.5.2 オスターミナルの保持

オスターミナルとオスハウジングの組み立ての方法には、大きく2種類あります。特に、オスターミナルとオスハウジングを別々に準備して最後に組み立てる場合、樹脂のオスハウジングのターミナル挿入穴にオスターミナルを挿入する際は、コネクターに求められるターミナル保持力を考慮して、ターミナル挿入の方法を検討する必要があります。

オスターミナルに特別な保持形状を設けない場合は、ターミナル挿入方向が自ずと決まります。すなわち、オスターミナルはさまざまな目的のために表面にめっき処理が施されています。そのため、ターミナル挿入時にメスターミナルと接触する表面に傷をつけないために、基板など

と接続する側のターミナル端から挿入穴に通し、所定の長さになるように押し込むのが一般的です。その際、樹脂側の挿入穴はターミナル寸法よりもわずかに小さい寸法とすることで、圧入方式が成立します。もう1つは、インサート成形により一括で組み立てる方法です。

5.4.5.3　メスターミナルの保持

　メスターミナルの保持は、まずメスターミナルの形状に密接に関係します。オスターミナルの形状により、メスターミナルの設計は2種類に分けられます。オスターミナルが四角形状（以下角ターミナル）の場合と、円柱形状（以下丸ターミナル）の場合です。両者のターミナル形状の違いは、特に防水コネクターにおける信頼性の面から大きな差があります。メスハウジングでメスターミナルを保持する場合、ハウジングとターミナルを係止させる機構が必要となります。この機構には2種類あります。

［1］ターミナルランス方式：ターミナル側にロック用の突起（ツメ）があるもの。

［2］ハウジングランス方式：ハウジング側にロック用の突起（ツメ）があるもの。

　自動車業界では、メスターミナルは、ハーネスと圧着（コネクター業界では「カシメ」と呼ぶ）接続され、1本1本手作業でメスハウジングに組み付けられていきます（一部自動化されているものもあります）。その過程で、ターミナルランスの場合、ツメ部が互いに絡み合いの原因となり、さらにはその絡み合いでツメ部が変形して、メスターミナルの

保持不良が発生する可能性が高いため、基本的にハウジングランス方式を採用しています。さらに、手作業であることと、メスターミナル保持力確保のために、2重係止方式を採用しています。こうしてメスターミナル挿入後、2重係止機構の部品（コネクター業界では、リテーナーと呼びます）を使い、メスターミナルが正規の位置に挿入されていることの確認と、保持力の向上とを図っています。

5.5 筐体

図5-20に示すように、ECUは大きく分けると回路基板、コネクター、そしてそれら2つを外部環境から保護する筐体と呼ばれるケース

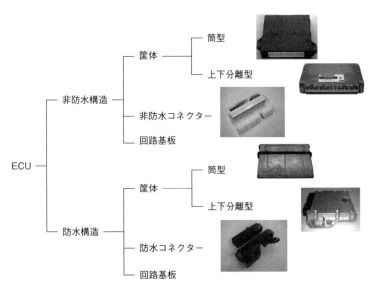

図5-20 ●ECUの部品構成
（出所：筆者）

特徴

(a) 車室内
　　（非防水）

・上下ケースはねじ止めのみ

(b) エンジンルーム内
　　（防水）

・上下ケースはねじ止めあるいは篏合ツ
　メ止め
・上下ケース合わせ面はゴムシール使用
　あるいはシリコーンシール材封止

(c) エンジン吸気管上
　　（防水）

・筒型ケースはねじ止めあるいは篏合ツ
　メ止め
・筒型ケース合わせ面はゴムシール使用

(d) エンジン本体上
　　（防水）

・放熱性を考慮しAIダイカストケース
・回路基板はセラミック基板使用
・ICはベアチップ実装（シリコーンゲル
　封止）

図 5-21 ● 搭載位置による ECU 筐体の違い
（出所：筆者）

から構成されています。また、最近の ECU は車室内のみならず、エン
ジンルーム内に設置されたり、エンジン直載されたりしています。図
5-21 に、それぞれの代表例を示します。車室内に搭載される ECU は
被水を前提にせず、開放型の構成をしています。一方エンジンルーム、
あるいはエンジン直載されるものは、被水を前提に防水構造のケース設
計としています。特にエンジン直載のタイプは、温度環境も厳しいこと
から放熱性を考慮したケース設計としています。

5.5.1　非防水筐体

　外部の衝撃から回路を保護する目的を第一義として設計しており、放

熱性が不要なものは、樹脂成形したものを採用しています。放熱性（自然冷却方式）を必要とするものは金属筐体とし、その材質・加工はアルミダイカスト成形、アルミニウム（Al）合金板プレス成形、あるいは鋼（Fe）板プレス成形などが用いられています。

5.5.2 防水筐体

　回路基板とコネクターをはんだ付けした回路アセンブリーを防水保護するために、上側ケースと下側ケースを寸法精度良く設計製造する必要があります。相互のケース面とコネクター周りの形状は、防水性能に関係するために特に精度が重要であり、相互の隙間を埋めるために防水シール材が用いられます。この材料は、最大で150℃の高温下にさらされても特性変化をしないように、シリコーン系の材料を用いています。

5.5.3 防水高放熱筐体

　エンジン直載されるケースでは、温度、振動、被水に耐える筐体設計が必要です。防水構造は前述のような設計ですが、それに加えてエンジン振動でECU本体が加振されるため、その環境に耐える材料力学的な設計が重要です。また、放熱を考えた形状を付与することが多々あります。その形状は、搭載環境下における空気の流れなどを考慮する必要もあります。

5.6　樹脂（プラスチック）材料

5.6.1　プラスチックとは

　自動車用に使われるプラスチック（樹脂）[*8] はさまざまです。一般に、プラスチックといわれるものは大きく2つに分けられます。すなわち熱可塑性樹脂（Thermo Plastic Resin）[*9] と熱硬化性樹脂（Thermo Set Resin）[*10] です。その中でポリウレタンは、両方のタイプがあります。熱可塑性樹脂は特性により、汎用プラスチック、エンジニアリングプラスチックならびにスーパーエンジニアリングプラスチックに分類できます（表5-7、表5-8）。また、熱可塑性樹脂においてその分子構造に着目した場合、結晶構造になっているかどうかにより、樹脂の特徴が異なります。結晶構造を持つものを結晶性プラスチック[*11]、結晶構造を持たないものを非結晶性プラスチック[*12] と呼びます。

　プラスチックでは車載電子製品と同様に2〜4文字程度の略語表示が多く使われます。そこでまず、この一覧を掲載しておきます（表5-9、p.212）。本文中では、この略語表示を使っていきます。正式な名称はいずれも長いため、会話ではこの略称を使いますし、書籍でもこの略語表示のものが多いので、参考にしてください。主なプラスチックの特徴と用途については、表5-10（pp.213-215）に示しました。それぞれの樹脂の特徴を理解する際に参考にしてください。

表 5-7 ● プラスチックの分類と材料例
（出所：筆者）

● 熱可塑性樹脂の一例

汎用プラスチック	エンジニアリングプラスチック（汎用エンプラ）	スーパーエンジニアリングプラスチック（スーパーエンプラ）
ABS：ABS 樹脂 CPE：塩素化ポリエチレン PE：ポリエチレン PET：ポリエチレンテレフタレート PMMA：アクリル樹脂 PP：ポリプロピレン	PA：ポリアミド PBT：ポリブチレンテレフタレート PC：ポリカーボネート GF-PET：GF 強化ポリエチレンテレフタレート POM：ポリアセタール SPS：シンジオタクチックポリスチレン	LCP：液晶ポリマー PAI：ポリアミドイミド PEEK：ポリエーテルエーテルケトン PI：ポリイミド PPS：ポリフェニレンスルフィド PSF：ポリスルホン PTFE：ポリテトラフルオロエチレン

● 熱硬化性樹脂の一例
- **PF　フェノール樹脂**
- **EP　エポキシ樹脂**
- **MF　メラミン樹脂**
- UF　ユリア樹脂（尿素樹脂）
- PU　ポリウレタン
- **CFRP　炭素繊維強化樹脂**

表 5-8 ● プラスチックの分類と材料例
（出所：筆者）

再溶融性	強度特性	結晶性プラスチック	非結晶性プラスチック
熱可塑性樹脂	汎用プラスチック	PE、PET、PP、CPE（半結晶性）	ABS、PMMA
	汎用エンプラ	PA、PBT、PET、POM、SPS	PC
	スーパーエンプラ	LCP、PEEK、PI、PPS、PTFE	PAI、PSF
熱硬化性樹脂	PF、EP、MF、UF、PU		

表5-9 ● プラスチックの記号・略号の一例（熱可塑性）
（出所：筆者）

表示	英語表示	読み
ABS	acrylonitrile butadiene styrene	アクリロニトリル・ブタジエン・スチレン
LCP	liquid crystal polymer	液晶ポリマー
PA	polyamide	ポリアミド
PAI	polyamide-imide	ポリアミドイミド
PBT	polybutylene terephthalate	ポリブチレンテレフタレート
PC	polycarbonate	ポリカーボネート
PE	polyethylene	ポリエチレン
PEEK	polyetheretherketone	ポリエーテルエーテルケトン
PET	polyethylene terephthalate	ポリエチレンテレフタレート
PI	polyimide	ポリイミド
POM	polyacetal	ポリアセタール
PP	polypropylene	ポリプロピレン
PPS	polyphenylenesulfide	ポニフェニレンスルファイド
PTFE	polytetrafluoroethylene	ポリテトラフルオロエチレン
SPS	syndiotactic polystyrene	シンジオタクチックポリスチレン
PF	phenol formaldehyde resin	フェノール樹脂
EP	epoxy resin	エポキシ樹脂
MF	melamine formaldehyde resin	メラミン樹脂
UF	urea-formaldehyde resin	ユリア樹脂（尿素樹脂）
PU	polyurethane	ポリウレタン
CFRP	carbon fiber reinforced plastic	炭素繊維強化プラスチック
FRP	fiber reinforced plastic	繊維強化プラスチック
GFRP	glass fiber reinforced plastic	ガラス繊維強化プラスチック

表 5-10 ● プラスチックの特徴・用途（その 1、次のページに続く）
（出所：筆者）

表示	特徴	適用例
ABS	・非結晶性で一般的に不透明 ・表面は光沢性あり ・堅牢、剛性があり機械的特性はバランスが良い（車室内環境で使用可） ・成形性良好で、成形収縮率が小さい	・車室内搭載 ECU ケース
LCP	・高強度、高弾性率である ・耐熱性、難燃性に優れる ・低熱膨張率である（異方性はある） ・成形後の寸法安定性に優れる	・（耐熱性）車載用コネクター
PA	・別名「ナイロン」〔米 DuPont（デュポン）が開発〕 ・結晶性材料 ・機械的特性が良好で、耐疲労性、耐衝撃性に優れる ・自己潤滑性があり、耐摩耗性に優れる ・吸水性があり、寸法変化する	・センサーハウジング ・ECU ケース
PAI	・熱変化に対する特性安定性が良好で、耐熱性が高い ・低熱膨張率である ・難燃性に優れる ・耐疲労性、耐衝撃性に優れる ・価格が高い	・モーター配線の絶縁被覆
PBT	・耐熱性が良い ・ガラス繊維（GF）で強化すると強靱（きょうじん）となり、耐摩耗性が向上する ・電気特性に優れる ・吸水率が低く、寸法安定性が良い ・加水分解性がある	・センサーハウジング ・電子製品のインサート成形ハウジング（ガスバリヤ性が必要な場合）
PC	・透明性で光沢も良好 ・耐熱性があり低温特性も優れる ・耐衝撃性を有し、クリープ特性に優れる ・自己消化性を有する ・非晶質であるため耐摩耗性は良くない	・メーターフード
PE	・非極構造で電気的特性に優れる ・吸水率が小さく、化学的特性が安定している ・表面への接着、印刷がしにくい	・ガソリンタンク、ポリタンク
PEEK	・耐熱性を有する ・難燃性が高い ・耐衝撃性、耐摩耗性に優れる	・トランスミッションのシールリング

表 5-10 ● プラスチックの特徴・用途（その 2）
（出所：筆者）

表示	特徴	適用例
PET	・結晶性材料で PBT より分子鎖が短い ・耐熱性がある ・耐疲労性が高い	・PBT の代替として使用例が多い
PI	・耐熱性が高い ・電気的特性が安定している（高純度の保護膜形成が可能） ・熱伝導率が高い ・価格が高い	・半導体デバイスの絶縁、保護膜
POM	・結晶性材料である ・自己潤滑性があり、耐摩耗性に優れる ・耐疲労性に優れる ・耐熱性、耐水性に優れる ・電気特性に優れる ・クリープを起こしやすい	・ハンドル周りのギア ・稼働機構のある部位部品
PP	・結晶性材料である ・比重が 0.90〜0.91 と汎用プラスチックでは最も軽い ・機械的強度が大きく、耐熱性に優れる ・成形収縮率が大きめだが、PE より成形収縮率は小さく方向性も少ない	・センサーケース ・リレーブロック、ヒューズボックス、ジャンクションボックス
PPS	・強度、剛性が高い ・難燃性、耐油性に優れる ・吸水率が小さく、寸法安定性に優れる ・耐摩耗性に優れる ・金属との密着性が良い ・接着性が低い	・気密性が必要なモジュール用ハウジング ・イグナイター、レギュレーター
PTFE	・他と比べて耐熱性、電気特性、耐摩耗性、耐候性、耐薬品性に優れる ・低誘電率で、絶縁性である ・樹脂自体が難燃性を有する ・臨界表面張力が低い（水接触角 90〜100° で、水などをはじきやすい） ・溶解粘度が高く、射出成形や押出成形は難しい ・非粘着性である	・特殊な配線の被覆 ・ミリ波アンテナ基板材料

表5-10●プラスチックの特徴・用途（その3）
（出所：筆者）

表示	特徴	適用例
SPS	・出光興産で合成された樹脂 ・比重が小さく、エンジニアリングプラスチックでは最も軽い ・耐熱性に優れる ・耐加水分解性に優れる ・接着性が悪いので、単独部品として使用すると軽量化に効果的	・（耐熱性の）コネクター ・電動車両用高電圧端子ホルダー
PF	・熱硬化による網状3次元架橋構造→加熱減量は少ない ・高強度、高硬度、耐老化性が良い ・難燃性である ・高温下、荷重下での寸法安定性が良い	・クラッチフェーシング ・基板材料 ・半導体封止材
EP	・耐熱性が高い ・電気的特性、機械的特性が優れる ・耐薬品性が良い ・接着性が高い	・回路基板材料 ・半導体チップ封止 ・接着剤
PU	・柔軟性と弾性に優れる ・耐衝撃性、耐薬品性が良い ・熱可塑性のタイプもある ・耐熱性が低い ・熱や紫外線の影響を受けて劣化する	・接着剤、シール材 ・断熱材
CFRP	・強化材に炭素繊維を用いた繊維強化プラスチック ・母材はエポキシ樹脂が主に用いられる ・軽さと高強度を併せ持つ ・型による成形が難しい	・車両ボディー

＊8 プラスチックと樹脂 プラスチックと樹脂は、本来違う言葉でした。プラスチックは人工高分子のことです。それに対して樹脂は、文字の通り樹木から出る樹液などの粘っこい液状の物（油脂）を表し、天然高分子です。また、合成樹脂に対して天然樹脂の表現がありますが、それぞれ人工高分子、天然高分子を意味します。ここからいえることは、プラスチックは天然のものではなく人工的に作られたものであるということです。ここで少しややこしいのですが、炭素（C）と同族の元素であるケイ素（Si）も炭素と同様に4つの接合の手を持っているので高分子を作るのですが、定義として炭素を含んでいない高分子を有機物とは呼べません。炭素化合物を有機物と呼びます（二酸化炭素、ダイヤモンドおよびグラファイトは除きます）。そのため、ケイ素樹脂はSiを中心とした樹脂ですが、炭素を含んだ構造をしていて有機ケイ素化合物と呼びます。

＊9 熱可塑性樹脂 熱可塑性樹脂は、ガラス転移温度またはその材料の融点温度に達すると軟化する性質を持つ樹脂のことです。射出成形や押し出し成形など、型を用いた成形によって形状を作製します。短時間で成形でき、生産性に優れています。また、再加熱すれば再溶融して再度成形が可能ですので、リサイクルも可能です。

＊10 熱硬化性樹脂 熱硬化性樹脂は、官能基を持つプレポリマーを主成分とする反応性混合物で、加熱によっていったん軟化・流動しますが、継続的加熱あるいは自然に3次元網目構造の架橋反応を生じて硬化します。従って、一度硬化させると再加熱しても軟化・流動しません。成形には時間を要するため、生産性は熱可塑性樹脂より低くなります。

＊11 結晶性プラスチック 結晶性プラスチックは分子が規則正しく並び、結晶構造を形成して硬化します。温度特性はガラス転移点と融点の両方を持ちます〔**図5-A**（a）〕。特徴は耐薬品性が良好で、比較的耐熱性が高いことです。成形収縮率が比較的大きく、その異方性も大きいという特徴があります。そのため、寸法精度は非結晶性プラスチックに比べて劣ります。

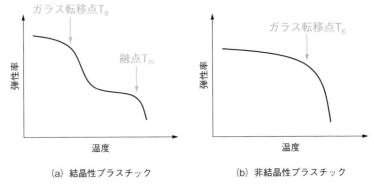

（a）結晶性プラスチック　　　　（b）非結晶性プラスチック

図5-A ●結晶性・非結晶性プラスチックの温度特性
（出所：筆者）

＊12 非結晶性プラスチック 非結晶性プラスチックは、結晶化状態になりにくい、あるいはならない高分子材料です。そのため、温度特性はガラス転移点のみを持ちます〔**図5-A**（b）〕。成形収縮率やその異方性が小さいという特徴があります。寸法精度は結晶性プラスチックに比べて良好です。

5.6.2 車載製品とプラスチック

　自動車に使われるプラスチックの使用量の動向は、1973 年から 2001 年の 29 年間で 1 台当たりの使用量が 4.6 倍に増加しています[1]。このように、プラスチックが積極的に使用されてきたのは、各プラスチックが持つ強度が高く、比重が小さくて、複雑な形状を一体成形で実現でき、各部品の接合を不要にするなどの特徴を十分に発揮しているからです。

5.6.3 車載電子製品のプラスチックに求められる特性

　プラスチックに求められる特性としては、機械特性と耐環境特性が中心でしたが、電気的な特性も重視されるようになりました。すなわち、車両の電動化、電子化に対応したプラスチック材料が必要とされる時代になってきました。電子製品に使われるプラスチック材料に求められる特性を整理しておきます。

　電気特性には、以下のような項目があります。

[1] 電気絶縁性（絶縁抵抗）

[2] 絶縁破壊強さ（耐電圧）

[3] 誘電率 ε

[4] 誘電正接（誘電損失）$\tan\delta$

[5] 耐トラッキング性

　電気特性以外に考慮すべき特性（特に、パワーデバイスの構造に関わるプラスチックの場合）は、以下の通りです。

[1] 熱伝導性

[2] 熱膨張率 CTE（Coefficient of Thermal Expansion）

[3] 伸び率

[4] 密着性

[5] 耐熱性

5.6.4 車載用プラスチックの環境対応性

　プラスチックを自動車部品として採用する際、LCA（Life Cycle Assessment；ライフサイクルアセスメント）[*13] 解析を行うようになっています。自動車用に使用されるプラスチックに関して、有害化学物質に対する規制があります。現在では MSDS（Material Safety Data Sheet）制度があり、化学物質の管理を行う必要があります。EU では REACH（Regulation Evaluation, Authorization and Restriction of Chemicals；リーチ、リーチ法）を 2007 年から施行して材料の管理を行っています。また、プラスチックに限らず電気電子製品に含まれる有害化学物質の管理として、2006 年から RoHS（Restriction of the Use of Certain Hazardous Substances in Electrical & Electronic Equipment）を施行し、特定有害物質の使用を制限しています。

　また、「使用済み自動車の再資源化等に関する法律（自動車リサイクル法）」[*14] が 2005 年から施行されています。プラスチックに関しては、シュレッダーダスト（ASR：Automobile Shredder Residue；自動車破砕残渣）のリサイクルをどのように行うかが大きな課題です。家電リサイクル法がマテリアルリサイクルを前提としているのに対し、自動車リサイクル法では、サーマルリサイクル（焼却燃焼させて熱エネルギーと

して回収）が認められており、こちらが大半を占めるため、リサイクル回収率は高くなっています。電子回路部品や配線基板に多く使用されている熱硬化性樹脂のエポキシ系樹脂は、サーマルリサイクルを行っています。

＊13 LCA　LCA では、原料の採取から設計、流通、消費ならびに最終段階の廃棄に至るまでの、製品のライフサイクルの各段階における資源・エネルギーの消費と環境負荷を定量的に分析・評価します。その上で、環境負荷の低減と環境改善に取り組む手法です。

＊14 使用済み自動車の再資源化等に関する法律　使用済み自動車の再資源化等に関する法律は、自動車メーカーと自動車輸入業者に対し、使用済み自動車または廃棄自動車（ELV：End of Life Vehicle）から排出ないしは取り外されるシュレッダーダスト（ASR）、エアバッグ、冷媒用フロン類の引き取りとリサイクル・適性処理を義務付ける内容です。

5.6.5　プラスチックの成形加工技術

　プラスチックは液状や溶融した状態になるので、これを利用した成形加工が中心です。先に述べたように、熱可塑性樹脂では機械加工を行うことは難しいので、プラスチック材料で目的とする形状を製作する方法は、成形加工が中心です。次のような成形法があります。

［1］注型（casting）

　注型は、液状の樹脂や溶融した樹脂を型に流し込んで形を作る方法です。型に流し込んだ樹脂が型内で反応して固まります。型の剛性は必要ないので型費を低くできます。

［2］圧縮成形（compression molding）

　圧縮成形は、上型と下型から成る金型を用いて成形します。温めて柔らかくなった樹脂をあらかじめ下型に入れ、上型を下型に合わせた後、締めて樹脂に圧力をかけます。型締めして成形する際の樹脂の移動量が

少ないため、大型のパッケージや BGA パッケージなどを PLP（Panel Level Package）として成形し、個片化する製造方法でも採用されています。

[3] 射出成形（injection molding）

　射出成形は、あらかじめ準備した型を型締めしておき、その型締めした型内に圧力をかけた後から樹脂を注入します。その際に、機械的な射出装置を用いて、溶融した樹脂を金型内に送り込んで成形します。

　車載電子製品では、イグナイターやレギュレーターなどのインサートケースの成形にこの射出成形が使用されています。

[4] トランスファー成形（transfer molding）

　トランスファー成形は、先の射出成形と似ていますが、樹脂の送り込み機構がプランジャー（ピストン）によって単純に押し出す方式となっています。半導体封止パッケージの成形に利用されます。

[5] RIM 成形（反応射出成形；Reaction Injection Molding）

　RIM 成形は、反応性の高い液状原料を 2 液以上、それぞれピストンで送り込み、その先のポット部にて混合して金型へ送り込んで成形するものです。この方法は、ポリウレタンを使った製品の成形に利用されます。

[6] LIM 成形（Liquid Injection Molding）

　LIM 成形は、シリコーンゴムの成形に用いられます。具体的には、ポリジメチルシロキサンとポリメチルシロキサンを金型注入の直前に混合し、金型内で付加重合反応をさせることで硬化成形するものです。原理的には RIM 成形と同じです。

[7] ディップ成形（dipping）

ディップとは、どぶ漬けのことです。対象物をあらかじめ用意した液状のプラスチック浴の中に浸漬し、表面にプラスチックを付着させます。電子製品への適用例としては、電子回路モジュールの回路部分を保護するプラスチックでコーティングする例などがあります。

[8] 射出ブロー（injection blow molding）

射出ブローは、射出成形とブロー成形を組み合わせて行うことで製品を成形する方法です。まず、射出成形でパリソン（Parison）という試験管形状の予備成形品を作ります。その後、これを再加熱してブロー成形型に入れてパリソンを保持している内型から空気を送り込むことで、パリソンを拡大膨張させて成形します。

5.6.6 車載電子製品に使われる各種プラスチックの事例

電子製品が搭載される場所により、使用するプラスチックは使い分けています。車室内は搭載環境としてプラスチックにとってはあまり厳しくありません。そこで、エンジンルームに搭載する製品に求められる性能を少し整理しておきます。

[1] 内燃機関の発熱などを考慮すると、−40〜150 ℃という広い範囲の温度とその変化に耐えられる必要があります。

[2] 路面からの飛び石などの衝撃を受ける可能性があり、機械的な特性も高める必要があります。

[3] エンジンオイルなどに対する耐油性、冷却水、バッテリー液などに対する耐薬品性を有する必要があります。

[4] 先に触れた各種電気的な特性と、放熱性を考慮して熱伝導性と熱に
かかわる各種特性を有する必要があります。

5.6.6.1 構造部材に使われる材料の特性

[1] 車室内搭載 ECU の筐体の例（ABS）（図 5-22）
　搭載環境としてはあまり厳しくないため、製品を組み立てる際のツメ
篏合はめ込み式が可能な変形性があり、車種ごとに変わるボディーへの
取り付け金属ブラケットを取り付け保持できる機械強度を有するプラス
チックとして、ABS を使用して筐体とした例です。

①筐体本体と蓋部との
　締結のためツメ構造採用

②車両ボディーに搭載するための
　金属ブラケット保持構造

図 5-22 ●車室内搭載 ECU 筐体の例（ABS）
（出所：筆者）

[2] エンジンルーム内搭載 ECU の筐体の例（PPS）（図 5-23）
　被水環境に対応する防水構造を採用する必要がある筐体のプラスチッ
クです。そのため、回路基板を支える金属ベース板の形状と、はまり込
み篏合したときの安定性が必要です。シール材を両者の篏合部分に塗布
し、密着固定します。篏合部分はシール性に影響するため、成形後の寸

①防水シールのため
　金属部と嵌合させる
　寸法精度が必要

②バッテリー液に対する耐薬品性

③放射率を考慮した黒色

図 5-23 ● エンジンルーム内搭載 ECU 筐体の例（PPS）
（出所：筆者）

法安定性と高温環境下での強度確保のために PPS を採用しています。

[3] インバーター用パワーデバイス封止の例（エポキシ樹脂）（図 5-
　　24）

　この半導体パッケージは、両側に水冷却器の機械部品の金属面と密着
させる必要があります。そのため、図 5-24 の中央部に見える銅（Cu）
の金属ヒートシンク面には、プラスチックのバリが被らないように成形
する必要があります。さらに、パワーデバイスと Cu 製ヒートシンクは、

①パワーデバイス周りの密着性

②高い寸法精度
　（Cu板との段差なし）

③樹脂の放熱性

図 5-24 ● インバーター用パワーデバイス封止の例（エポキシ樹脂）
（出所：筆者）

はんだ付けされていて互いの熱膨張率差が大きいので、封止に使うプラスチックには両者にかかる応力を緩和する特性を持つことが必要です。そのため、Cuの面にもパワーデバイス表面にも密着保持する密着力（接着性）も大切な要素になります。

［4］車載用コネクターの例（LCP、SPSなど）

　コネクターの表面接着性は、電子製品がエンジンルーム内に搭載されるようになってから求められるようになった特性です。樹脂表面の接着性は、防水シール性に影響を与えます。

5.6.6.2　車載用プリント配線板の材料に求められる特性

　プリント配線板は、各種電子部品を基板上に搭載し、その基板上の接続ランドと部品電極を、主にはんだ付けによって電気的、熱的および機械的に接続固定する土台となるものです。

［1］実装工程面から見た必要特性

　プリント配線板がリフロー工程中に、反って変形することは部品電極部のはんだ付けがずれる要因の1つであり、はんだ量が不足して接続寿命に影響を与えます。プリント配線板としては、リフロー時の耐熱性を持ち、基板の熱変形が少ない基材を用いることが必要です。

［2］実装信頼性から見た必要特性

　各電子部品とプリント配線板との熱膨張率の差により、部品電極と基板ランドとの接合部に使用される接合材料（主に鉛フリーはんだ）は、せん断ひずみ応力を受けます。基板基材の熱膨張率は、接合部の信頼性の面から重要です。

[3] 回路基板を樹脂封止する構造から見た必要特性

　電子製品全体を樹脂封止する場合、さまざまな電子部品周りに確実に樹脂が回り込み、その表面と密着させる必要があります。基板側に求められるのは、その表面と封止樹脂との密着性です。

5.6.6.3　実装副資材、封止樹脂の材料に求められる特性

[1] アンダーフィル材料に求められる必要特性

　エンジンルームなど厳しい温度環境に搭載される電子製品は、耐熱性が求められるようになっています。それらの電子製品では、配線板としてセラミック基板を用いる場合もあります。その場合、製品の小型化のために、半導体デバイスをベアチップで基板上に直接実装しています。代表的な実装方法は、フリップチップ（FC：Flip Chip）実装です。図5-25 は、半導体デバイスとセラミック基板のはんだ付け部の断面の様子を示します。

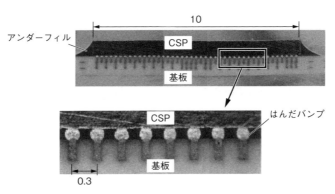

図 5-25 ●FC 実装のはんだ付け部とアンダーフィル材料
（出所：筆者）

[2] 封止用成形樹脂材料に求められる必要特性

　封止用成形樹脂材料は、アンダーフィル材に求められる特性に加え
て、最近では高熱伝導性が求められています。また、樹脂封止する工法
にも、IC パッケージに使用されるトランスファー成形や圧縮成形から、
一般の樹脂成形に用いられる射出成形まであります。さらに、古くから
小型電子製品の樹脂封止に使われている注型成形（いわゆるポッティン
グ）もあります。それぞれの工法に応じて封止樹脂材料も異なるため、
電子製品の封止をどのように行うかで、適用できる材料も変わります。
従って、成形工法に応じて材料を選択することになります。

5.7　エポキシ樹脂

　熱硬化性樹脂は、成形材料の段階では流動性を示しますが、加熱する
と固くなる樹脂です。そして、いったん硬化すると再度加熱しても流動
しない樹脂です。硬化性の性質を示す原因は、高分子の中で架橋構造を
作って分子間の動きが固定されるためです。この架橋構造を網状ポリ
マーとも呼びます。熱硬化樹脂は、硬化反応前のプレポリマーは反応性
の高い官能基を持っています。エポキシ樹脂は、官能基としてエポキシ
基（図 5-26）を持っています。

5.7.1　エポキシ樹脂とは

　エポキシ樹脂は、1 分子に 2 個以上のエポキシ基を持つ構造体であれ
ばよく、基本骨格にはさまざまな種類が存在します。さらには、官能基

(a) 全ての原子を表記した表現方法　　　(b) 簡略的な表現方法

図 5-26 ● エポキシ基
エポキシ基内の緑色の結合が切れて反応結合する。
(出所：筆者)

数の調整も容易であり、低粘度の液状から固体、溶液、エマルジョンまでのさまざまな形態が可能です。そのため、さまざまな成形方法に対応できます。また、エポキシ基は中性で安定しており取り扱いやすいという特徴を持ちます。さらに、硬化反応において図 5-26 にも示した通り、C–O 間の開環反応で硬化するため、硬化時に揮発成分が発生しません。そのため、硬化した状態での樹脂内にボイド（気泡）の発生が少なく、電子部品の封止に対して絶縁性や耐湿性の面からも優れています。

　成形時には、流動性の高い状態から固化します。その際の硬化収縮も少なく、型設計の面からも扱いやすい樹脂といえます。

　成形後の樹脂の特性としては、架橋構造を有するために強固で安定した硬化物となります。そのため、機械的や電気的、熱的特性、さらには耐薬品性や耐水性にも優れた特性を示します。

5.7.2　エポキシ樹脂の種類

　エポキシ基は多くの化学物質と反応し、さまざまな構造の樹脂が存在します。エポキシ樹脂の分類もさまざまな視点から可能です。以下のような分類です。

[1] 化学構造による分類：樹脂の末端基の特徴的な構造に着目して分類

する。

[2] 官能基数による分類：1分子当たり2個の官能基を持つものと（2官能タイプ）と、2個を超える多官能タイプ。

[3] 性状による分類：例えば、常温での形態、液体、半固形および固体。

[4] 用途などの夜分類：使い道、すなわち塗料用樹脂、電気・電子用樹脂ならびに接着剤用樹脂など。

ここでは、化学構造によって分類した例を示します（**表5-11**）。

表5-11 ● エポキシ樹脂の種類
（出所：筆者）

分類	末端基周辺構造
グリシジルエーテル型	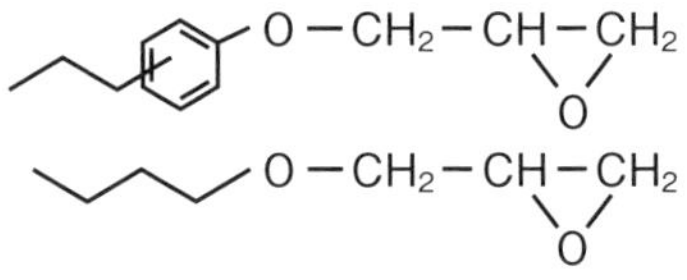
グリシジルエステル型	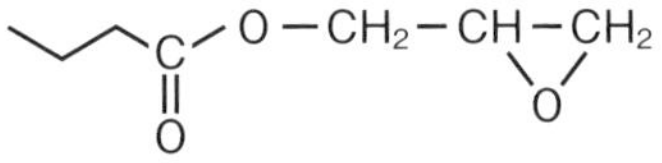
グリシジルアミン型	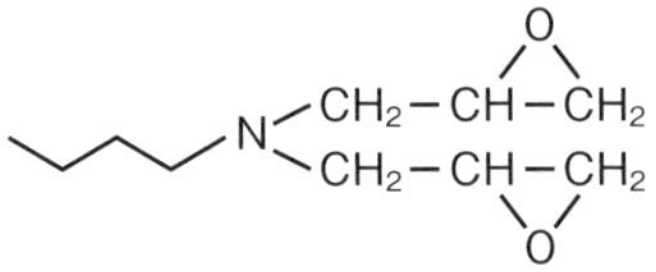
酸化型	

[1] グリシジルエーテル型（詳細は次の項目を参照）

①ビスフェノールA型（BPA型）エポキシ樹脂

②ビスフェノールF型（BPF型）エポキシ樹脂

③臭素化エポキシ樹脂

　(a)低臭素化（Low-Br 型）エポキシ樹脂

　(b)高臭素化（High-Br 型）エポキシ樹脂

④ノボラック型エポキシ樹脂

⑤アルコール型エポキシ樹脂

［2］グリシジルエステル型

①脂肪族

②芳香族

③環状

④重合脂肪酸

⑤モノグリシジル

　こうした構造による分類がされていますが、モノグリシジルエステルはエポキシ樹脂に分類されないようです。一般に、モノグリシジルエステル型エポキシ樹脂は、ビスフェノール A 型（BPA 型）エポキシ樹脂に比べると粘度が低く、各種無水物との組み合わせで利用され、高温時に短期間で硬化する特徴を生かして絶縁含浸用に使用されています。

［3］グリシジルアミン型

①芳香族アミン型

②アミノフェノール型

③脂肪族アミン型

④ヒダントイン型

　グリシジルアミン型エポキシ樹脂は、分子内に窒素原子を持ちます。そのため、グリシジルエーテル型エポキシ樹脂に比べて、保存性に劣り

ます。主に使用される芳香族アミン型、アミノフェノール型および脂肪族アミン型では、常温で保管できるのは短期間であり、長期保存のためには低温での保存が必要になります。低粘度と高耐熱性の特徴から、宇宙・航空機用複合材料〔例えば炭素繊維強化樹脂（CFRP）〕や高耐熱接着剤などの用途があります（表 5-12）。

表 5-12 ● グリシジルアミン型エポキシ樹脂の特徴
（出所：筆者）

分類	特徴
芳香族アミン型	耐熱性に優れるが、吸水性が高く硬化物の耐衝撃性が低い傾向がある。
アミノフェノール型	低粘度で、高耐熱性の硬化物が得られる。加水分解性塩素を低減する技術が開発されてからは、半導体封止材料やエレクトロニクス用接着剤に使用されている。
脂肪族アミン型	低粘度、高耐熱性、高密着性の特徴を生かし、複合材や注型材に使用されている。
ヒダントイン型	分子構造として芳香環を持たないため、耐熱性や耐アーク・トラッキング性に優れている。低粘度な材料は、電気絶縁材料として使用されている。

[4] 酸化型

　表 5-11 に示すように、分子構造中の二重結合を酸化させることによって得られるエポキシ樹脂です。

5.7.3　グリシジルエーテル系エポキシ樹脂

5.7.3.1　ビスフェノールＡ型エポキシ樹脂

　最も広く使用されているエポキシ樹脂です。エポキシ樹脂の特徴である接着性があることで、さまざまな分野で使用されます。電気特性や耐薬品性、耐候性に優れ、コストを含めてバランスが取れています。この

樹脂の弱点は耐光性です。

その用途は幅広く、コーティング材料や電気電子絶縁材料、土木建築材料、接着材、コンポジット材料などとなっています。このうち電気電子用途では、碍子などの重電関連の絶縁材料や、モーターやトランスの絶縁、絶縁粉体塗料などに多く使われています。

5.7.3.2 ビスフェノール F 型エポキシ樹脂

ビスフェノール F 型エポキシ樹脂は、ビスフェノール A 型樹脂に対して一層の低粘度化の要求に対応するために開発されました。そのため、柔軟な骨格構造を持っており、低粘度であるという特徴を備えています。粘度以外の特性はビスフェノール A 型と類似しています（**表 5-13**）。用途は主に**塗料用樹脂**です。

表 5-13 ● ビスフェノール F 型エポキシ樹脂の特徴
（出所：筆者）

項目	ビスフェノール A 型エポキシ樹脂との比較
結晶性	結晶化しやすい
皮膚刺激性	やや高い
硬化性	同等あるいは若干遅い
耐熱性	若干低い
耐薬品性	若干良い

5.7.3.3 臭素化エポキシ樹脂

エポキシ樹脂に難燃性を付与する目的で開発された樹脂です。難燃性を付与するためには、一般に臭素（Br）原子を導入します。ただし、難燃性エポキシ樹脂の燃焼時におけるダイオキシン類の発生を考慮し、

Br のようなハロゲン系化合物を用いないで難燃性を付与するハロゲン
フリー化が進められています。

5.7.3.4　ノボラック型エポキシ樹脂

ノボラック型エポキシ樹脂は、エポキシ基が 1 分子当たり 2 個以上の
多官能型エポキシ樹脂になります。その中には、以下に触れるような樹
脂があります。

［1］クレゾールノボラック型エポキシ樹脂

［2］トリスフェノールメタン型エポキシ樹脂

［3］テトラキスフェノールエタン型エポキシ樹脂

［4］ジシクロペンタジエン型エポキシ樹脂

［5］ナフタレン型エポキシ樹脂

［6］フェノールアラルキル型エポキシ樹脂（フェノール・ビフェニレン
　　型エポキシ樹脂）

［1］クレゾールノボラック型

硬化性が良く、ガラス転移温度（Tg）や吸水・吸湿性、熱膨張性など
の特性のバランスが取れた材料です。

用途は、主に半導体封止用です。そのためには、加水分解塩素の発生
量を抑える必要があります。また、この樹脂の特性として、図 5-27 に
軟化点と溶融粘度の関係を示します。最近の薄型パッケージ化と高耐熱
性の要求から、低粘度で狭い隙間にも浸透しやすい低粘度性と、高 Tg
化の対応が求められています[2]。

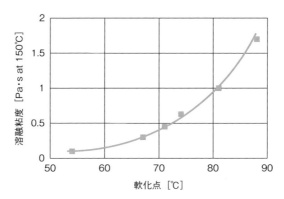

図 5-27 ●軟化点と溶融粘度の関係
（出所：筆者）

［2］トリスフェノールメタン型

　この樹脂は、官能基密度が高い構造を持っており、硬化物の耐熱性が高いことが特徴です。半導体封止樹脂として、BGA パッケージあるいは CSP パッケージなどの多端子で小型パッケージへの適用が求められています。この樹脂は、この高耐熱性の面からパッケージの反りが少なく、BGA や CSP パッケージ用樹脂として使用されています。

［3］テトラキスフェノールエタン型

　この樹脂は、トリスフェノールメタン型エポキシ樹脂よりもさらに高い高耐熱性を有する材料です。4 官能基を持つ材料骨格を有します。結晶性材料で、プリント配線板のソルダーレジストの熱硬化成分に使われています。

［4］ジシクロペンタジエン型

　この材料の特徴は、低吸水・低誘電率であることです。クレゾールノボラック型エポキシ樹脂と比較した場合、低吸湿、低弾性率、低誘電率

という特性を持っています。

[5] ナフタレン型

ナフタレン環に由来する特徴として、エポキシ樹脂が高耐熱、低吸湿、低熱膨張率となる特徴を有することことが期待されます。そのため、さまざまなタイプのナフタレン型材料が開発されています。具体的には、以下のようなものがあります。

①ナフトールアラルキル型エポキシ樹脂

②ナフトールノボラック型エポキシ樹脂

③4官能ナフタレン型エポキシ樹脂

先に述べたジシクロペンタジエン型エポキシ樹脂同様、クレゾールノボラック型エポキシ樹脂と比較した場合、低吸湿、低弾性率、低誘電率であるという特性を備えています。

[6] フェノール・ビフェニレン型

この樹脂は、自動車の電動化により、高電圧でありながら小型化と高速伝送特性を必要とする部位の材料として注目されてきました。すなわち、これまで述べた各材料の耐湿性や接着性、流動性、低誘電率性の特徴に加えて、耐熱分解性や難燃性を備えている材料です。高熱分解性の特徴から、鉛フリーはんだ付けのリフロー工程の最高温度にも耐えられる特徴もあります。特に、難燃性についてはハロゲンフリーを実現できる材料です。

5.7.4 配線板用エポキシ樹脂

プリント配線板に使用する樹脂材料として、必要となる特性は以下の

通りです。

[1] 配線導体金属（例えば銅）との接着力が高い。

[2] 電気絶縁性が高い。

[3] 耐熱性が高く、はんだ付け時の熱履歴に耐えられる。

[4] 積層基板製造時における加熱加圧工程で樹脂の流動性が高く接着する。

[5] 基板製造時の寸法安定性が良い（すなわち、硬化収縮が少ない）。

[6] 回路パターン形成時のエッチング工程など、各薬品に対する耐性が高い。

[7] 基板への部品実装工程において、基板自身の反りなどの変形が少ない。

　これらの特性に加え、さらに最近の高周波信号を扱う分野（ミリ波レーダーなど）に対応できるように、次の特性も重視されるようになりました。

[8] 低誘電率な材料である。

　これまで、代表的な各種材料を紹介しましたが、低誘電率であるエポキシ樹脂材料の開発も進んでいます。ここに挙げた全ての特性においてバランス良く実現している材料として、エポキシ樹脂がプリント配線板材料として広く用いられています。その基本材料は、ビスフェノールA型（BPA型）エポキシ樹脂です。耐熱性を向上させるために、多官能基型エポキシ樹脂をBPA型エポキシ樹脂にブレンドして使用するようになってきています。

5.7.5　半導体封止用エポキシ樹脂

　半導体封止材料に用いる樹脂材料として必要となる特性は以下の通りです。

［1］成形性を向上させる粘度と狭路 充 填性を持ち、ボイド（気泡）の発生が少ない。

［2］低吸湿性を備えており、加水分解性塩素の発生量が少ない。

［3］封止対象物に合わせた熱膨張率の調整が可能である（低応力）。

［4］吸湿リフロー性（パッケージ内剝離）が高い（密着力が高い）。

［5］パッケージの反りが少ない（成形収縮率の制御が可能）。

　半導体の封止は一般的に金型による成形で行われます。トランスファー成形では、樹脂の低粘度化によって流動性を良くし、型内での未充填を生じないことと、金（Au）線、Al 線などのワイヤの変形を生じさせないことが重要です。加えて、最近の SiP （System in a Package）などの薄型化パッケージの動向に合わせて、狭い空間への充填性と狭空間におけるボイドの発生がないことが望ましいといえます。

5.8　シリコーン

　半導体 IC の材料としてのシリコン（Si）に対して、ここではシリコーンについて説明します。まず、ケイ素（シリコン）は、地球上では酸素に次いで多い元素です。しかし、ケイ素単体としては自然界には存在していません。ケイ酸塩あるいは二酸化ケイ素の形で存在し、ケイ酸塩を

陶磁器やガラスとして利用しています。

　一方、シリコーンは1908年にクロロシランの加水分解によって初め
て合成された材料です。シリコーンは無機化合物に属します。主構造は
シロキサン結合（–Si–O–Si–）を持ち、側鎖に有機基を有するオルガノ
ポリシロキサン類の総称です。基本となるケイ素原子と炭素原子は周期
律表では同じIV族に属しながら、炭素と水素の結合化合物が有機物にな
り、ケイ素と酸素の結合骨格を持つ材料が無機材料というのは興味深い
ところです。

5.8.1　シリコーンの性質

　シリコーンの構造は、主鎖が無機のシロキサン結合であり、それにつ
ながる側鎖に有機基を持っています。無機質と有機質の複合的な高分子
材料であるといえます。車載の厳しい環境に対応できる耐熱性や耐寒
性、耐候性、撥水性、離型性ならびに優れた電気特性を発現します。

　耐環境性能が高いのは、主鎖の部分の Si–O 結合エネルギーが、有機
物を構成する C–C 結合、あるいは C–O 結合に比べて大きいからです
（表5-14）。C–C 結合や C–O 結合に対し、Si–O 結合の回転エネルギー
は1桁小さく、シロキサン結合が分子内で動きやすいことが分かりま

表5-14 ●結合および回転エネルギー
（出所：筆者）

結合構造	結合エネルギー [kJ/mol]	回転エネルギー [kJ/mol]
Si–O	444	0.8
C–O	339	11.3
C–C	356	15.1

す。圧縮率が大きい、気体透過性が大きい、耐寒性が良い、各種特性の温度依存性が小さいといった特性は、この基本構造によるものです。

5.8.2　シリコーンの用途

　車載電子製品に使用されるシリコーンポリマーとしては、以下のようなものがあります。

[1] ECU製品の筐体の防水シールに使われるシリコーン接着剤（図5-28）。

[2] ECU、イグナイター、ならびにインバーターなどのパワーモジュールの封止用のシリコーンゲル（図5-29）。

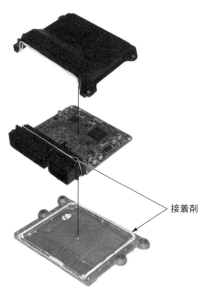

接着剤

図5-28 ●ECUの防水シール用シリコーン接着剤
（出所：筆者）

ケース内の必要部にのみ
ゲルが塗布されている

(a) 硬めのゲルの例

ケース内全体に
ゲルが注入されている

(b) 軟らかめのゲルの例

図 5-29 ● ECU 封止用シリコーンゲル
(出所：筆者)

表面の白っぽい材料が
放熱グリス

(a) 放熱グリスの例

各素子上の白色の材料が放熱ゲル

(b) 放熱ゲルの例

図 5-30 ● ECU・パワーデバイスでのシリコーン放熱材料
(出所：筆者)

[3] インバーターのパワーモジュールの放熱器との間に塗布したり挟み
込んだりして利用するシリコーン放熱グリス〔図 5-30 (a)〕。

[4] ECU 内の発熱部品の放熱のために、筐体との間に塗布したり挟み

図 5-31 ●ECU のシリコーン放熱接着剤
（出所：筆者）

　込んだりして利用するシリコーン放熱ゲル〔**図 5-30**（b）〕および

　放熱接着剤（**図 5-31**）。

　いずれも、最高温度150℃までの使用を想定し、耐熱性の面からシリ

コーン材料を選択しています。

5.8.3　シリコーンゴム（接着剤、シリコーンゲル、放熱ゲル）

　車載分野で用いるシリコーンゴムは、基本特性である耐熱性や耐候

性、柔軟性、ガス透過性、電気絶縁性に優れます。また撥水性があること

で、**図 5-29**（p.239）の例で示すように、半導体をベアチップで実装した

製品の回路部の封止材料としても、シリコーンゲルが使用されています。

［1］接着剤：ECU防水シール用の接着剤や、熱伝導性を高めた放熱接着

剤の例があります。シール用接着剤では、常温での硬化が可能な材料も利用されています。**図5-31**に示す例では、放熱用のシリコーン接着剤を塗布し、下側の金属プレートに回路基板を固定。その後、回路基板周りに黒色のシール用接着剤を塗布し、両者を加熱して同時硬化させています。

[2]　ゲル：シリコーンゲルは、封止用途と放熱用途があります。封止用のゲルは、シリコーンゴムが持つ耐熱性や耐寒性、電気絶縁性、非腐食性に加えて、低架橋密度な構造に起因する耐湿性や、温度変化による熱応力を緩和する特性などを備えています。こうした特性を生かし、IC をベアチップ実装した基板の封止材料として利用されています。

　　放熱ゲルは、ベースのシリコーンポリマーに熱伝導性フィラーを混錬して熱伝導性を高めている上、液状であることから自動塗布などが可能です。そのため、生産性向上に貢献します。

5.8.4　シリコーングリス（放熱グリス）

　パワーデバイスのモジュールに使われる放熱材料には、グリスタイプが使用されます。それ自体の熱伝導率は低いものの、熱を伝えたい2つの面の凹凸に追従しやすい柔軟性が重視されるからです。これは、凹凸追従性による接触熱抵抗の低減効果が大きいためです。

参考文献

1）岩野昌夫，『プラスチックの自動車部品への展開』，日本工業出版，pp.2-3，2011年.

2）川井宏一，『最近の多官能エポキシ樹脂』，ネットワークポリマー，Vo.33，No.6，pp.354-360，2012年.

第 **6** 章

実装技術における信頼性

6.1　品質管理の進め方

6.1.1　品質管理とは

　品質管理の意味するところは、「市場・顧客に合わせて製品・サービスを合理的に提供することを目的とした科学的な管理手法」です。ここでの「合理的」とは、顧客要求に最適で期待される機能（使いやすさや安全性、堅牢性など）を経済的に実現し、適切なタイミングで供給することを意味します。製造業の目的は、品質（Q）、経済性（C）、供給能力（D）のバランスを取って製品を市場に供給することです。その中でQ、C、Dは独立するものではなく、相互に関連性を持っています。品質管理はCやDとも連携して行う必要があるといえます。

　品質管理は、市場の要求に合った製品の供給が最終目的です。従って、製品の企画段階から最終的に製品を破棄する段階までを含む製品の一生（ライフサイクル）にわたる管理となります。そのため、よく使われるのが方針管理、すなわちPDCAサイクルを回すことです。

6.1.2　PDCAサイクルによる管理

　PDCAサイクルとは以下の通りです。

[1] P（計画立案）：会社全体の経営計画の立案から、新しい製品企画の立案、各種品質目標値の設定までがこれに含まれます。

［2］D（実行）：Pにおける立案計画に基づき、部署ごとの計画に落とし込んで実際の活動を行います。

［3］C（チェック）：活動結果の実績を整理し、計画値と比較して差異を確認します。まず確認するのは差異の発生原因です。差異の発生原因を確認します。計画通りで差異がない場合でも、うまくいった要因を理解しておくこと（検討・分析）が将来のために必要です。

［4］A（アクション）：Cにおいて差異を生じた原因に対する対策案を立てて行動し、具体的な処置（対策・処置）を行います。

そして、この対策計画に関してPDCAサイクルをさらに回していきます。

6.1.3 源流管理

PDCAサイクルのC（検討・分析）の段階では、原因の調査を行います。ここで、なぜそうなったのかを調べて、例えば表面的な原因である「作業の不適切」が見つかったとします。しかし、さらになぜかと調べると、その作業の不適切さを生み出している原因があるはずです。例えば、不適切さを誘発する作業のしにくさといったものです。

このように、「なぜ」を繰り返すことで本当の原因、すなわち「源流」を探る必要があります。これが、源流管理の基本です。設計企画段階での製品レビュー（デザインレビュー、審議；DR：Design Review）と合わせてコストレビュー（CR：Cost Review）も大切です。例えば、製品に使用する部品点数の削減や、複雑さを減らすことによる組み付け時間の短縮、さらには安定した製造工程の確立が最初からできれば、市場

に速く大量に製品供給することが可能になります。源流管理によって
QCD のバランスがとりやすくなるのです。

6.1.4　品質と信頼性そして品質保証

　図 6-1 に品質の構成要素を示します。有用性と適用性、信頼性、安
全性があります。まず有用性とは、顧客が使用したときに定性的、また
は定量的な面から十分な満足が得られることを指します。

　続いて、適用性とは、この製品を企画した段階で定めた目標値を満足
していることを意味しています。

　次に、信頼性とは、さらに狭義の信頼性や保全性、設計信頼性といっ
た要素を含みます。工業製品である以上、いつかは製品寿命が訪れま
す。しかし、製品故障の予兆を検知し、事前に部品交換などの対策を
行って、より長い稼働時間を実現することも可能です。これが保全性で
す。この保全性も信頼性の1つの要素になります（狭義の信頼性は後述）。

　さらに、設計信頼性とは、製品の使用時における安定動作を保証する
ことを指します。そのためには、製品の安全利用や、道具として安心し

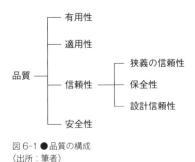

図 6-1 ●品質の構成
（出所：筆者）

て使用できるように（使用時にけがをしないなど）設計する基本設計思想が大切です。また、製品寿命を延ばし、顧客からの要求仕様を満たすために、適切な材料を選定して構造設計や機能設計を行う必要があります。

最後に、安全性とは、提供した製品が安全に使用できることを指します。いわゆる安全設計のことです。

本章では、主に狭義の信頼性、すなわち一般に製品寿命の確保に関わる点を中心に解説します。狭義の信頼性を確保するために最も重要なのは設計です。そこで、それを支える信頼性試験とその解析評価、設計へのフィードバックといった一連のPDCAサイクルを回しながら行う品質活動の一部をここで取り上げます。

6.2 設計プロセスと品質保証

高い品質の製品を開発するためには、源流管理に基づく品質管理が必要です。製品開発・生産・販売のプロセスにおいて、各ステップで生じた問題を確実に解決し、設定した目標を実現するための課題を1つひとつ達成する必要があります。各製品開発プロセスでは、問題解決や課題達成の取り組み状況を審議するDRと、次のステップへ進めるための判断会議（QA：Quality Assurance；品質保証会議）が特に重要です。

開発期限（車両日程）に間に合わせることは大切です。しかし、それを優先するあまり、技術の完成度が低い状態で次のステップに進めてしまうと、後戻りが生じた場合、取り返しのつかないことになります。最

悪の場合、評価不足によってリコールが発生します。製品開発プロセスにおける各審議（DR）と判断会議（QA）は重要な役割を持っています。これらをステージゲートとも呼びます。

　各ステップの概要、すなわち製品開発生産フローを表6-1に示します。社内規定として決められていることはきちんと学んで1度経験すると、各ステップで実際にどの項目に重点を置くべきかを理解できるよう

表6-1 ●製品開発生産フロー
（出所：筆者）

◎：総括、✓：関係部署

	内容	営業	製品企画	製品開発	製品設計	生産技術	製造	品質保証	サービス
マーケティング	市場動向（生産計画） 販売計画 サービス体制	◎	✓						✓
製品企画	目標設定（経営的） リソース分析 構想企画会議（DR・QA）	✓	◎	✓	✓				
構想設計	プラットフォーム開発 概念設計・部品開発 目標設定（技術）		✓	◎	✓	✓		✓	
基本設計	回路・実装・構造開発 ソフトウエア開発 部品選定・先行品評価 基本設計会議（DR・QA）		✓	✓	◎	✓			
詳細設計	製品設計 試作品評価 最終設計会議（DR・QA）			✓	◎	✓	✓	✓	
生産準備	生産ライン設計 パイロット生産・初期生産品評価 生産品評価会議（DR・QA）			✓	✓	◎	✓	✓	
本格生産	初期流動管理 解除判定会議（QA） 工程管理				✓	✓	◎	✓	✓
品質対応	市場品質モニター クレーム対応 改良設計				✓		✓	◎	✓

になります。各ステップでの設計者の心構えなどは、寺倉修氏の『開発設計の教科書』（日経BP）の第4章あたり[1]が参考になるかと思います。

6.3　信頼性の基本

6.3.1　信頼性とは

　信頼性（Reliability）の定義について、JIS Z 8115：2019は「アイテム[*1]が、与えられた条件の下で、与えられた期間、故障せずに、要求どおりに遂行できる能力」と記載しています。ここで、旧版では「アイテムが所定の条件の下で、所定の期間、要求機能を遂行できる能力」となっており、旧版から新版になって「要求機能」→「要求通り」と変更されています。ただ、実際のハードウエアの製品設計では、要求機能という表現の方が慣れ親しんでイメージしやすいと思います。

*1 アイテム（item）信頼性の分野では、アイテムという言葉が登場します。アイテムという言葉も、JIS Z 8115：2019に定義されています。
「対象となるもの。
注記1：アイテムは、個別の部品、構成品、デバイス、機能ユニット、機器、サブシステム、又はシステムである。
注記2：アイテムは、ハードウエア、ソフトウエア、人間又はそれらの組合せからなる。
注記3：アイテムは、別々に対象となりうる要素から、しばしば構成される。サブシステム（192-01-02）及び分割単位（192-01-05）参照。
注記4：サービスを考慮する場合、サービスユニット、サービスプロセス、サービスシステムなどがアイテムとなる。
注記5：アイテムは、目的、対象又は分野によって独自な用語又は階層構造を用いて表現することがある。」
とあり、多種多様な信頼性の対象を一言で表現するのに便利な言葉として定義されています。要するに、部品や構成品、デバイス、装置からサブシステム、システムなどを表す総称です。

　信頼性に関して、再び図6-1（p.246）を見てください。信頼性は3つの要素に分けられます。［1］狭義の信頼性、［2］保全性、［3］設計信頼性です。以下、各項目について説明します。

［1］狭義の信頼性

　狭義の信頼性とは、対象とする製品やシステムが長持ちして、故障しなかったり、劣化の進行が緩やかであったりすることなどです。この狭義の信頼性を考える場合、非修理系アイテムと修理系アイテムに分けられます。

　非修理系アイテムでは、アイテムの寿命が重要です。特に寿命分布を知ることで、平均寿命 μ が信頼性特性としての指標となります。この平均寿命は、正式には平均故障寿命といいます。MTTF（Mean operating Time To Failure）のことです。

　修理系アイテムは、自動車や航空機のように多くのコンポーネントで構成されている製品や、コンピューターなどのシステムを対象として考えられたものです。この系では、故障の発生割合が指標となります。

$$故障発生割合、または故障率：\lambda = \frac{故障回数：k}{観測時間：T}$$

　λ の逆数（$1/\lambda = T/k$）は、MTBF（Mean operating Time Between Failures）で表現します。これを平均故障間隔といいます。故障率の発生頻度は図6-2に示すように、一般にbath-tab（バスタブ）曲線と呼ばれる形状になります。

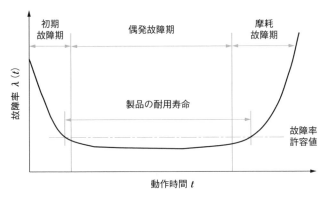

図 6-2 ● bath-tab 曲線
（出所：筆者）

［2］保全性

　保全性の重要性が認識されるようになったのは、狭義の信頼性で触れた修理系アイテムの考え方が重視されるようになったからです。故障予知や、故障してからの故障時期を予測した事前の定期交換により、製品や部品をより長く使用できることは重要なことです。

［3］設計信頼性

　設計信頼性とは、設計の段階で製品の使用条件や、その製品が搭載されて使われる環境条件に配慮し、製品の欠陥・故障の発生に対して、事前に対応処置すべき対策を検討してその内容を評価することです。その考え方として、ストレス-強度モデルやフェールセーフ、フールプルーフがあります。

①ストレス-強度モデル：材料強度を検討する場合に利用されるモデルです。ストレス（負荷）が製品の強度を上回った場合、故障が発生すると仮定したものです。

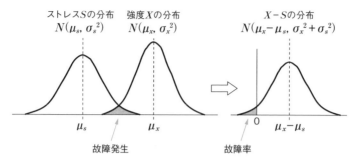

ストレスSの分布
$N(\mu_s, \sigma_s^2)$

強度Xの分布
$N(\mu_x, \sigma_x^2)$

$X-S$の分布
$N(\mu_x-\mu_s, \sigma_x^2+\sigma_s^2)$

μ_s　　　μ_x

故障発生

0　　$\mu_x-\mu_s$

故障率

図6-3 ●ストレス–強度モデル
（出所：筆者）

　図6-3のように、ストレスの分布をS、強度の分布をXとしたとき、それぞれが独立であるとします。そして、いずれの分布も正規分布に従うと仮定すると、$X-S$の分布も正規分布となり、$N(\mu_x-\mu_s,\ \sigma_x^2+\sigma_s^2)$に従います。図6-3の右側の図で示す故障率は、$X-S<0$となる確率$\bar{R}$です。

$$\bar{R} = Pr(X-S<0)$$

　これから構造信頼度$R=1-\bar{R}$を定義して目標を設定します。また、このパラメーターと合わせて、安全係数ν^{*2}として以下の定義を用います。

$$\nu = \frac{\mu_x}{\mu_s}$$

　しかし、実際には図6-3に示すようにそれぞれが分布を持っているので、ばらつきを考慮し、安全係数として以下の計算式を用いる場合もあります。

$$\nu = \frac{(\mu_x - 3\sigma_x)}{(\mu_s + 3\sigma_s)}$$

②フェールセーフ：機械系に故障（フェール）が発生したときに、機械系と人間系によって構成されているシステムにおいて、機械系が人間系にとって安全側（セーフ）となる方向に動作するという考え方を取り入れた設計方式のことです。

③フールプルーフ：機械系と人間系によって構成されるシステムにおいて、人間系側で誤動作（間違った行動あるいは指示を出す）が発生した場合に、機械系の方でこの誤動作を検出して、誤動作を実行しないように設計上の仕掛けをつくる考え方です。

*2 安全係数 品質管理の分野では、安全係数といいますが、文部科学省の学術用語としては安全率という用語を用います。すなわち、安全係数は安全率ともいいます。

6.3.2 信頼性の手法

信頼性の向上を実現するために、科学的管理が重視されています。数理モデル解析手法や確率・統計学に基づく推定手法、材料工学、電子工学、機械工学など、幅広い分野の工学的知識や固有技術を必要として解析・評価を行う手法などがあります。それぞれの手法と特徴を表6-2に示します。

表 6-2 ●信頼性の手法
(出所：筆者)

手法	活用ステップ	特徴
FMEA、FTA、 シミュレーション、 DR（デザインレビュー）	基本設計 詳細設計 生産準備	言語情報（過去トラブル事例集）、各種ノウハウを入れ込んだ仮想設計技術と各専門分野専門家の技術知識の分析。
信頼性試験（加速試験） 故障解析	詳細設計 生産準備 本格生産 品質対応	図面と実際の試作品、生産品などの実物を評価することで、その結果を各固有の工学的知見に基づいて原理原則から解析。
データの収集と解析 確率論・統計手法 （ワイブル解析）	詳細設計 生産準備 本格生産 品質対応	信頼性試験結果、市場からの良品および故障品の回収に基づいてデータを整理し、確率論・統計の理論を使って寿命推定・解析。

6.4 信頼性の故障モデル

　物が壊れる（故障）とは、外部から印加される環境・使用条件がストレス（温度や湿度、振動など）としてアイテムに継続的に加わり、アイテム内部の変化を引き起こして継続的に進行することで、要求通りに動作する能力を失うことです。故障という現象に対し、故障モデルを考えることで故障解析を進めます。

　一般に、故障モデルは故障物理モデルと故障分布モデルに分けられます。故障物理モデルには、マクロ的な視点のモデルとミクロ的な視点のモデルがあります。マクロ的な視点でのモデルは、さらに限界モデルと耐久モデルに分けることができます。

　すなわち、物の壊れ方をよく観察すると、1度だけ加えられた限界値を超えるストレスで破壊する場合と、1度のストレスでは見掛け上は何も変化せずに繰り返しストレスが加わることで、最終的に破壊（故障）

に至る場合とがあります。前者を限界モデル、後者を耐久モデルといいます。

　このアイテムに変化を引き起こすストレスと、最終的に観察される故障との関係を、その経過を含めて明らかにすることが信頼性を改善することに重要です。そのため、これまでさまざまな故障物理モデルが提案されています。これらのモデルは、対象部品によって適用モデルが変わります。どのモデルを使用して故障を推定するかを理解・把握することが重要です。代表的な故障物理モデルは、以下の通りです（表6-3）。

表6-3 ● 代表的な故障物理モデル
（出所：筆者）

分類	名称	限界/耐久	特徴
反応論モデル	アレニウスモデル	耐久	化学反応論に基づくモデル。反応速度は温度に比例、寿命は温度の逆数に比例、その加速度割合は、活性化エネルギーにより決まる。
経験的モデル	ストレス-強度モデル	限界と耐久（時間経過）	構造物など材料力学的なモデル。製品が持つ強度を上回るストレスがかかることで故障に至るという考え方。継続的な低いレベルのストレスが加わることで、時間経過とともに強度が低下して最終的に故障に至る。
	累積損傷モデル（マイナー則）	耐久	材料・構造物に繰り返しさまざまなレベルのストレス S が加わる場合、その時の劣化が蓄積されることで、一定量になったら破壊するという考え方。S-N曲線で評価。
	べき乗則モデル	耐久	寿命がストレスのn乗に比例するという経験則に基づくモデル。S-N曲線もこのモデルの仲間ともいえる。

6.5　信頼性試験

　信頼性試験は、文字通り製品やシステムが市場で使用された場合、想

定した期間内で正常に動作すること（信頼性）を確認するために実施するものです。そのため、この信頼性試験の実施は、製品の市場への供給前に行うのが普通です。また、新規性の高い技術を使った製品では、信頼性水準の検証や製品の使われ方、使用環境条件が、開発当初の設定と合っているかどうかの検証のために、量産後も継続して行う場合もあります。

6.5.1　信頼性試験の種類

　一口に信頼性試験といっても、内容や実施の仕方、目的によってさまざまです。代表的なものは次の通りです。

［1］試験室信頼性試験

［2］フィールド信頼性試験

［3］環境試験

［4］限界試験

［5］加速試験

［6］信頼性認定試験

［7］出荷前試験

［1］試験室信頼性試験：文字通り試験室内で行う試験のことです。この試験の良い点は、試験条件（製品の動作、温湿度、振動など1つの条件に関して加えるストレス量など）を設定管理できることです。この試験方法では、温度や湿度（被水）、薬品、振動などといった実車（実際のクルマ）に加わる複合したストレス条件を忠実に再現で

きないため、複合試験を行う場合もあります。

[2] フィールド信頼性試験：実使用状態の現場で行う（自動車の場合は、車両に製品を搭載して実際に走行を行う）試験です。この試験の特徴は、複数のストレスが複合的に加わる条件下で評価ができることです。この試験では製品の動作状態と、そのときの環境条件、製品の状態などの各種データを記録することが重要です。

[3] 環境試験：この試験は、新規の技術や材料を採用した開発製品においてさまざまなストレスを加えたときに、どのような現象や故障が発生するかを確認する試験です。

[4] 限界試験：この試験は、新規の材料や工法を採用した開発製品における性能限界を知るために行うことが目的となります。故障モードや破壊状態を記録しておくことが大切です。

[5] 加速試験：製品のメーカー（自動車メーカーなど）からの要求仕様として目標期間が長い（例えば20年保証）場合、短時間でその仕様を満足するかどうかを確認・検証するための試験です。市場で加わるストレスよりもレベルを高めた試験条件を設定し、短時間で故障を発生させるなどの評価が必要です。

[6] 信頼性認定試験：製品開発の最終段階の製品（最終試作品、あるいは正式製造ラインでの初生産品など）に対し、製品のメーカー（自動車メーカーなど）からの要求条件に従って行う評価試験です。そのため、試験時間と繰り返しサイクル数が決められています。

[7] 出荷前試験：特性検査や簡単なストレス検査などを行って製品の出荷保証を行うための試験です。スクリーニング試験も出荷前検査と

なります。

6.5.2 加速試験

6.5.2.1 加速試験の目的と必要性

これまで述べてきた信頼性試験は、機能の限界や寿命の把握、故障部位・メカニズムの解明のために行います。加速試験を実施する目的は次の通りです。

[1] フロントローディングの考え方に基づき、早い段階で設計上の弱点や不足を明らかにして、手戻り期間を短縮して対策を行う（限界把握）。

[2] 信頼性上の課題の顕在化を行い、設計にフィードバックする（耐久把握）。

[3] 開発日程を短縮し、開発の方向性を常に判断できるようにすることで、リソースの有効活用を図る。

6.5.2.2 加速試験の条件設定の考え方

加速試験を行う場合、強度低下などを加速する劣化加速の時間加速試験（寿命加速試験）と、運用・動作条件を厳しくして故障率を高める故障率加速試験とがあります。いずれの場合も、寿命が短くなる割合（時間加速係数 $A_L{}^{*3}$）、あるいは故障率が高くなる程度（故障率加速係数 $A_\lambda{}^{*4}$）を試験加速係数といいます。それぞれのイメージを図6-4のbath-tab曲線で示します。

加速係数を大きくしたいのは誰しも考えることですが、加速が成立す

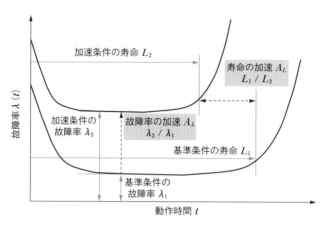

図6-4 ●加速の考え方
（出所：筆者）

る条件を意識しておく必要があります。

［1］基準条件に対して加速条件で実施した場合も、劣化量や寿命分布に
差がない（分布の特徴に変化がない、図6-5）。

［2］基準条件に対して加速条件で実施した場合も、故障メカニズムが同

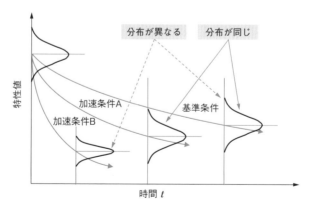

図6-5 ●加速の正しさの確認（分布）
（出所：筆者）

じで、劣化の伝播や故障モードに変化がない。

[3] 基準条件に対して加速条件で実施した場合も、寿命に至るまでにおいて劣化量の減少または増加に変異点がない（劣化量の単調減少性または増大性）。

　基準条件で試験を行った結果と、設定した加速条件で試験を行った結果のデータを、いずれもワイブル確率紙にプロットします。そのとき、図6-6に示すように、2つの試験データのプロットによって引いた線が平行に移動する関係にあれば、設定した加速条件は正しく設定されています。そして、そのときの時間加速係数は、$A_L = \dfrac{L_1}{L_2}$ として求められます。

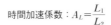

時間加速係数：$A_L = \dfrac{L_1}{L_2}$

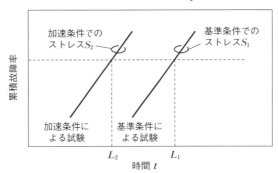

図6-6 ●時間加速係数の求め方
（出所：筆者）

＊3 時間加速係数 A_L 定義は、同じ故障メカニズム、故障モードおよびそれらの相対的関係を持つ2つの異なるストレス条件にある、試料数が同一の2種類のサンプル（試料）において、同じ既定の故障数または劣化した条件を得るために必要な期間の比です。すなわち、（基準条件での寿命 L_1）/（加速条件での寿命 L_2）です。

＊4 故障率加速係数 A_λ 定義は、基準条件で行った試験と加速条件で行った試験との間で、ある規定時間における故障率の比です。すなわち、（加速条件での故障率 λ_2）／（基準条件での故障率 λ_1）です。

6.6　車載電子製品における不具合事例

6.6.1　車載電子製品の搭載環境

　車載電子製品の搭載環境の具体例を図6-7に示します。車両内の搭載位置によって温度と振動は関連性があります。両方とも厳しいのが、エンジンルームです。水に関してもエンジンルームは厳しいのですが、さらに厳しいのがタイヤハウス周りです。水分に関しては、車室内も油断大敵です。第1に、乗員が持ち込むさまざまな飲料物を車室内でこぼすことによる被液です。第2に、高温多湿の環境であり、エアコンの使用方法によっては結露が発生します。図6-8は、ストレスとそれが原

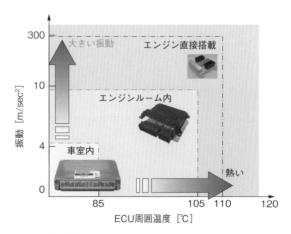

図6-7 ● 製品搭載環境の温度・振動の関係
（出所：筆者）

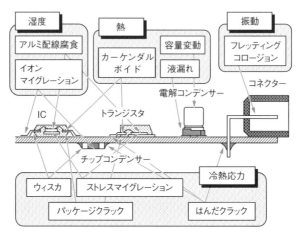

図6-8 ● 搭載環境要因と製品不具合項目
（出所：筆者）

因で起こる不具合の関係を整理して示します。

6.6.2 振動による不具合（ワイヤボンディングの破断）

　エンジン上に搭載する電子製品では、エンジン振動によるストレスを
受けます。図6-9にエンジン振動の計測データ例を示します。図中の
赤色の直線は、計測データから計算した、振動評価のための加速試験条
件としての振動条件（周波数と加速度の関係）を示します。

　これに基づき、図6-10に示す製品を評価した際に、外部コネクター
との接続に使用しているアルミニウムワイヤボンディング線（Alワイ
ヤボンド線）が破断するという不具合が発生しました。製品内の半導体
ベアチップ部品などの保護のために充填（じゅうてん）しているシリコーンゲルがエ
ンジンからの振動によって揺さぶられ、その繰り返し動作がAlワイヤ
ボンド線に加わることで、Alワイヤボンド線が金属疲労したものです。

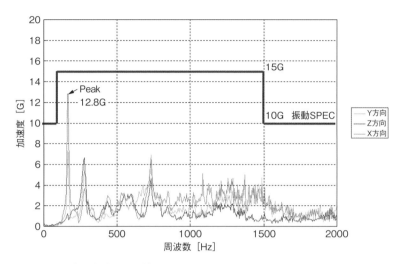

図6-9 ● エンジン上振動のデータ例
（出所：筆者）

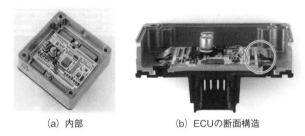

（a）内部　　　　　　　　　　（b）ECUの断面構造

図6-10 ● 製品構造（アルミニウムワイヤボンディング）
（出所：筆者）

図6-11にその破断面写真と、破断箇所にかかる応力をシミュレーション計算した例を示します。

6.6.3　温度変化による不具合（はんだ接合部クラック）

車載電子製品に限らず、製品の使用温度環境において発生する不具合

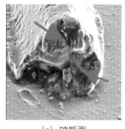
(a) 破断面

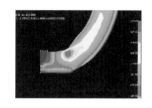
(b) 疲労解析

図6-11 ● アルミニウムワイヤボンディングの疲労破壊
（出所：筆者）

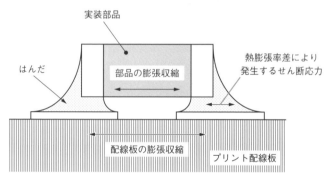

図6-12 ● はんだクラック発生のメカニズム
（出所：筆者）

に、環境温度変化による部品はんだ付け部のはんだクラックがあります（図6-12）[2]。

　車載電子部品は、民生品で使われるさまざまな部品を使用しています。車載向けにも QFN パッケージの利用を想定し、評価した際に不思議な不具合が発生しました。QFN パッケージは図6-13 に示すような形状をしています。図6-13（b）に示すように、わずかに切断した端子側面にはんだ付け部分が見える程度です。このパッケージを基板実装

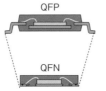

(a)　QFPに対する小型化

(b)　QFN端子はんだ付け部

図6-13 ●QFNパッケージ
（出所：筆者）

図6-14 ●QFNパッケージのはんだ付け評価結果
（出所：筆者）

し、はんだ付けの信頼性を評価した結果を図6-14に示します。この写
真から、はんだ接合部にクラックが入っている位置が1つ飛びになって
いることが分かります。このようにはんだ付け部分が微細化してくる
と、新たな問題が発生する可能性があります。

6.6.4　湿度による不具合

　半導体パッケージは、エポキシ樹脂で主に封止されています。リフ
ロープロファイルによっては、リードフレームとエポキシ樹脂の界面で
剝離を生じることがあります。湿度以外の要因でもパッケージの界面剝
離などは生じます。この剝離面から湿度の浸入あるいはパッケージの内

部剥離部分での結露などにより、ICの表面に湿度（水分）が滞留することで、ICのアルミ配線が腐食断線することが起こります。**図6-15**に表面配線の腐食の様子を示します。

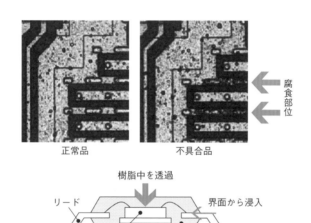

正常品　　　　　　　不具合品

樹脂中を透過

リード　　　　　　　　　　　　界面から浸入

半導体チップ　　モールド樹脂

図6-15 ●パッケージICのアルミ配線腐食
（出所：筆者）

参考文献

1）寺倉 修，『開発設計の教科書』，日経BP，2019年.

2）加藤光治監修，『図解カーエレクトロニクス（下）』，日経BP，pp.228-229，2010年.

第7章

車載電子製品の実装事例

7.1　イグナイター

7.1.1　点火系システム

　イグナイター（igniter）[*1] は、自動車の電子制御化とそこに使われているパワーデバイスの構造において、その後の車載電子製品の参考になった製品です。

　ガソリンエンジンの行程は、吸気―圧縮―爆発（燃焼・膨張）―排気の4つから成ります。点火のタイミングを制御するというのは、シリンダー内の混合気（ガソリンと空気の混合気体）の全てを理想的に燃焼させることです。

　点火のタイミングを決めるために、クランク角センサーやカム角センサー、水温センサー、ノックセンサーなどの各種センサー信号を電子制御ユニット（ECU：Electronic Control Unit）に取り込み、点火タイミングを計算します（図7-1）。この信号に従い、点火コイルの1次側の電流に対して通電開始（トランジスタON）と遮断（トランジスタOFF）を行うのが、イグナイターの役目です。

　図7-2 に示すイグナイターは、実際にはトランジスタ（P.Tr.、パワートランジスタ）だけではなく、ECUからの点火制御信号に従い、正確にパワーパワートランジスタのON・OFFをするための制御回路が含まれています。パワートランジスタがOFFになったとき、点火コイル

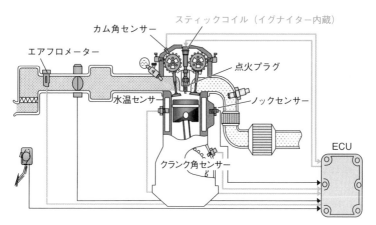

図 7-1 ● 点火システムの構成
（出所：筆者）

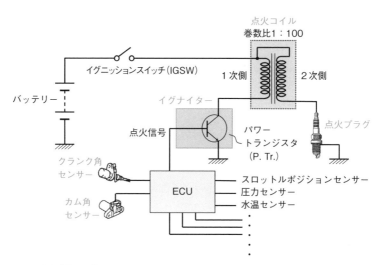

図 7-2 ● 点火装置の構成
（出所：筆者）

の1次側に約300Vの電圧が発生し、コイルの巻数比に応じて、点火コイルの2次側に30kVの高電圧が発生。点火プラグの約0.8mmのギャップの絶縁を破壊し、放電火花を飛ばします。

　点火システムの電子化は、機械式のポイント部分をパワートランジスタに置き換えたものからスタートしました。その後、エンジンの気筒ごとに点火コイルとイグナイターを設ける独立点火方式に移行していきました。

*1 イグナイター（igniter） ここではコイル式イグニッション（誘導放電点火）におけるイグナイターの定義を示します。「点火コイルの一次電流をオン、オフさせる装置」（『自動車用語英和辞典』同書の表記は「イグナイタ」）[1]です。現在主流の点火システムは、気筒ごとに個別の点火回路と点火コイルを備えるコイル式イグニッションです。それ以外には、コンデンサー放電式イグニッション（容量放電点火）や、マグネット点火（永久磁石を使用した高電圧発電機による点火）などのシステムがあります。いずれも小型のエンジンに使用されている例があります。

7.1.2　イグナイターの構造

　初期のイグナイターは、バイポーラーパワートランジスタを含めて各部品を集めて回路基板上にはんだ付け実装していました。その後、制御回路部分はアナログ制御のICとして開発され、ベアチップ実装されるようになります。このICには他の電子部品と一緒にはんだ付け工程で実装できるように、フリップチップボンディング（FC接続；Flip Chip Bonding）の方法が採用されました。パワートランジスタは、ベアチップでの入手ができず、パッケージ品を金属筐体に固定して、その端子を外部に引き出すワイヤハーネスの接続用基板ではんだ接続していました（図7-3）。

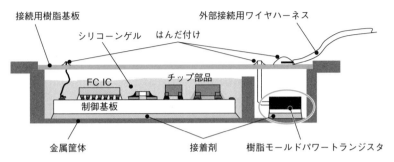

図 7-3 ●イグナイターの断面構造（その 1）
（出所：筆者）

　その後、パワートランジスタをベアチップで取り扱うことができるようになりました。これにより、金属筐体内部に金属ターミナルを配回して樹脂で封止したインサートケースを用いることで、部品点数の削減と製品の組み立ての簡素化、製品の小型化を実現します。

　図 7-4 はイグナイターの断面構造、図 7-5 は製品例の写真です。製品構造は、セラミック基板上に制御 IC を含む回路部品をはんだ付け実装した回路基板と、パワートランジスタを積層構造に組み付けたもの（トランジスタモジュール）を、金属筐体内面に接着剤で固定します。

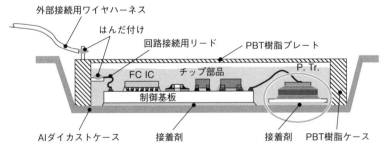

図 7-4 ●イグナイターの断面構造（その 2）
（出所：筆者）

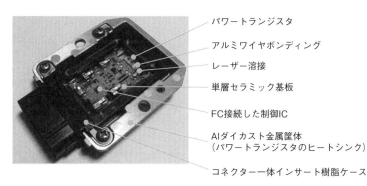

パワートランジスタ

アルミワイヤボンディング

レーザー溶接

単層セラミック基板

FC接続した制御IC

Alダイカスト金属筐体
（パワートランジスタのヒートシンク）

コネクター一体インサート樹脂ケース

図 7-5 ●イグナイターの製品例（コネクター一体型）
（出所：筆者）

回路基板とトランジスタモジュールをアルミワイヤボンディング線で電気的に接続し、その後、金属ターミナルをインサートした樹脂ケースを金属筐体内部に接着剤で固定します。後で注入するシリコーンゲルが漏れないように、確実に接着固定しなければなりません。その後、回路基板上に信号などを外部に取り出すために、金属ターミナルと回路基板上の薄板のリボン状端子とをレーザー溶接します。

　イグナイターを独立点火制御方式に対応させるためには、まず製品内部に気筒数分のパワートランジスタを内蔵する必要があります。全てを内蔵すると製品が大きくなりすぎる（制御回路部の大きさとパワートランジスタにレイアウト上のアンバランスが生じる）ため、2つに分割設計しています。また、点火コイルとの接続端子を気筒数分引き出す必要があるため、例えば6気筒向け独立点火制御用イグナイターを1つのイグナイターで対応しようとすると、コネクターの形状も大型化します。このように、さまざまな設計要素を考慮して製品設計を進めます。

　イグナイターの小型化の変遷を表7-1に示します。イグナイター1個

表 7-1 ●イグナイターの小型化の推移
（出所：筆者）

	ワイヤ付きIG	コネクター直結IG	AIダイカストレスIG	樹脂モールドIG
外観				
内部	パワートランジスタ×1 写真省略	パワートランジスタ×1	パワートランジスタ×3	IGBT×1
サイズ（概略）[mm]	72×68×20 コネクター部含まず	72×68×20 コネクター （20×45×12） 含まず	50×55×15 コネクター （18×65×12） 含まず	22×22×5 端子部含まず
重量比	1	0.8	0.4	0.1以下

当たりの大きさを見たもので、初期の製品に比べて大きさで1/10程度になっています。気筒ごとにイグナイターを分割・小型化することで、エンジン上のプラグホール内に点火コイルを押し込み、そのコイル上にイグナイターを搭載することで、エンジン周りをすっきりさせることができました（図7-6）。

7.1.3 イグナイターのパワートランジスタの実装構造

　ベアチップのパワートランジスタをイグナイターに組み込む際に、最初に採用した構造とその構成、使用した各部材の熱膨張率を図7-7に示します。はんだ付けの接続寿命を確保するためには、接続する2つの部材の熱膨張率（線膨張係数）の差を小さくすることが第一です。図中

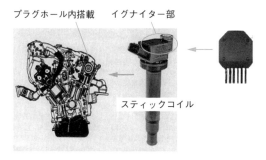

図 7-6 ●独立点火イグナイターのエンジン搭載例
（出所：筆者）

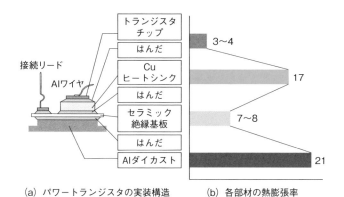

（a）パワートランジスタの実装構造　　（b）各部材の熱膨張率

図 7-7 ●パワートランジスタ部の構造と各部材の熱膨張率
（出所：筆者）

に示した構造では、右側の熱膨張率の値から分かるように、それぞれの接続部に使われているはんだ材に大きなひずみ応力がかかります。これでは、接続部が破断することは想像できます。

　その結果として、改善したパワートランジスタ部の構造を図7-8に示します。そのポイントは2つあり、1つはパワートランジスタ下のヒートシンクに使う材料を銅（Cu）からモリブデン（Mo）に変更したことです。もう1つは、セラミック絶縁基板とアルミダイカスト（Alダ

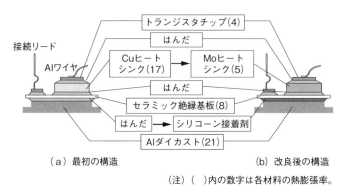

（a）最初の構造　　　　　　　　　　　　（b）改良後の構造

（注）（　）内の数字は各材料の熱膨張率。

図7-8 ●パワートランジスタ部の構造比較
（出所：筆者）

イカスト）製金属 筐 体との間の接合材料をはんだからシリコーン接着
剤に変更している点です。

7.1.4　点火コイル一体型イグナイター

　独立点火方式に移行した際に、イグナイターは気筒ごとに用意する
ハードウエアの構成となりました。点火コイルのハウジングを利用し、
イグナイターを組み付ける方式です。そこで、樹脂封止イグナイターを
開発しました。実際に樹脂封止を行ってみると2つの問題点がありまし
た。1つは、樹脂の流動性の改善が必要であること。もう1つは、片面
封止構造では金属ヒートシンクと封止樹脂の界面で剥離を生じるために
対策が必要なことでした。前者の問題では、樹脂の流れ性を改善するた
めに、樹脂フローシミュレーションで流れ性として必要な目標特性を設
定して材料開発を行いました（図7-9）。これに併せて、成形用金型の
ゲート位置などの見直しも行っています。後者の問題では、イグナイ

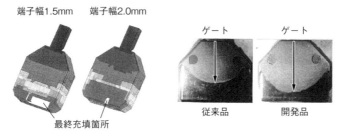

（a）部材形状による成形性改善 　　　　（b）樹脂の流れ性改善

図7-9 ●樹脂流れ解析による構造・材料の最適化
（出所：筆者）

ター全体を樹脂で封止するフルモールドタイプに変更しました。

7.2 パワーウインドーコントローラー

7.2.1 パワーウインドーコントローラーの機能

　パワーウインドーは電動モーターで作動します。ウインドーガラスの駆動方法は2種類あります。アームウインドーリフト方式と、フレキシブルケーブル式ウインドーリフト方式です。

　パワーウインドーの制御で求められるのは、ウインドーガラスの上昇時に異物（特に乗員の体の一部）に対して負傷をさせない制御を行うことです。具体的には、ウインドーガラスの上昇時に異物の挟み込みを検知した場合、トルクを制御してモーターを停止後、直ちに回転を反転させ、ウインドーガラスを少し下降させてからモーターを止めることで、挟み込み状態を解放できることです。この機能をジャムプロテクション機能といいます。

　このコントローラーは、従来はエポキシ樹脂プリント配線板を使った
ECU の形態でした。この ECU は形状が大きいため、駆動モーターユ
ニットとは別々に搭載して狭いドア空間に搭載していました。そこで、
さまざまなドア形状に対してパワーウインドーモーター駆動ユニット
（ECU を含む）の搭載性を高めるために、ECU 部分を小型化した製品を
開発しました（図 7-10）。

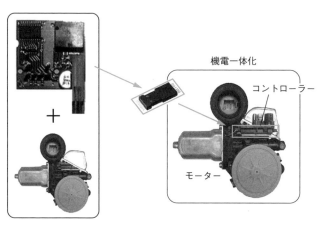

図 7-10 ●パワーウインドーコントローラーの機電一体化
（出所：筆者）

7.2.2　パワーウインドーコントローラーの基本設計

　駆動のパワーデバイスは、H ブリッジ構成です。ジャムプロテクショ
ン機能を実現するためにマイコンを用います。マイコンやパワーデバイ
スの半導体デバイスは、ベアチップで実装することでパッケージレスと
なって小型化できます。高配線密度を実現するために多層基板構成とし
ます。ベースとなる基板材料は、高放熱でモーターロック通電時の過渡

熱にも耐えられるように、アルミナセラミックスのグリーンシート多層積層基板が候補です。

　製品のイメージを整理したものを図7-11に示します。製品の大きさは、モーターとギアのユニット内に収められるように約40×20mmに設定しました。エポキシ樹脂による樹脂封止構造として開発しました。この基板を、ヒートシンクを兼ねたリードフレーム上に接着剤で固定。基板と外部接続リード端子の間はワイヤボンディングで接続します。最後に樹脂封止して完成させます。

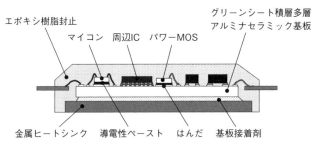

図 7-11 ●パワーウインドーコントローラーの初期構成
（出所：筆者）

7.2.3　パワーウインドーコントローラーの放熱設計

　パワーウインドーコントローラー（PWC：Power Window Controller）の熱伝達は、図7-11の下側にある金属ヒートシンクに向かいます。具体的には、セラミック基板上に搭載した発熱源であるマイコンならびにパワーMOSから、接合材料、セラミック基板（グリーンシート積層多層アルミナセラミック基板）、基板接着剤を順に経由する経路です。そこで、放熱設計のために、セラミック基板と金属ヒートシ

シンクを接着固定する接着剤の熱抵抗の性能向上の改善、あるいは開発を行うことになります。

　材料開発においては、ベースとなる接着材料（ベース樹脂）そのものの高熱伝導化や、ベース樹脂を変更せずに混錬するフィラー材料の質量％の調整、高熱伝導性フィラー材料の採用などの手法が考えられます（図7-12）。熱伝導性フィラー材料はBruggeman（ブラッグマン）のモデルによれば、低充填領域ではフィラー自体の熱伝導率に依存せず、接着剤の熱伝導率には差がないことが分かります（図7-13）[2]。

　また、接着剤の厚さは、熱抵抗に大きく影響する要素です。接着剤はセラミック基板と金属ヒートシンクの熱膨張率の差によって発生する応力ひずみを吸収分担する重要な役目を持っています。そのため、接着剤の厚さは、熱抵抗低減の立場からはできる限り薄い方が望ましく、熱膨張率の差を吸収する緩衝材の立場からはできる限り厚めの方が良いこと

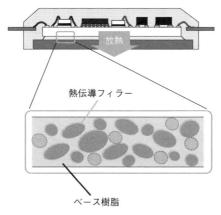

図7-12 ● 接着剤のフィラー混錬による熱伝導性の向上
（出所：筆者）

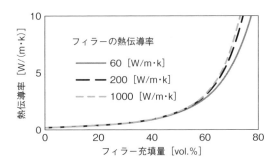

図 7-13 ● Bruggeman のモデル
〔出所：『高放熱性樹脂材料の開発に関する研究』（長野県工業技術
総合センター）〕

になります。加えて、製造工程内では、接着剤内に生じるボイド（気泡）
を極力抑える必要があります。

7.2.4　パワーウインドーコントローラーのパッケージ

　パワーウインドーコントローラーのパッケージは、初期の製品開発時
に基板割れが発生したことがあります。その原因は、封止樹脂とセラ
ミック基板の収縮率と収縮速度の違いでした（図 7-14）。封止樹脂が
成形後に収縮しながら硬化する際に、セラミック基板との間に収縮率と
収縮速度の差があったことから、封止樹脂が常温にまで温度が低下する
過程で基板割れが発生したのです。最終的には基板を分割した構造とし
ました。

　また、別の問題点として、封止樹脂材料とリードフレーム金属材料と
の熱膨張率の差（図 7-15）により、両者の界面に剥離が生じました。
封止に使う成形樹脂とリードフレームを含む金属ヒートシンクとの界面
で発生する樹脂の剥離に関しては、最終的に製品の使われ方を考慮した

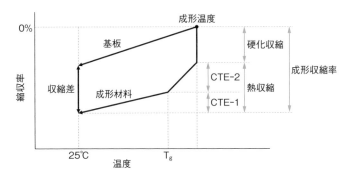

図 7-14 ● 封止樹脂の成形時の収縮挙動
（出所：筆者）

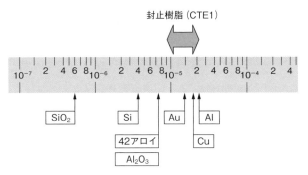

図 7-15 ● 製品構成材料の各熱膨張率
（出所：筆者）

材料の変更で対応しました。放熱性能を優先すれば、銅（Cu）材料を用いるべきですが、封止樹脂との熱膨張率の差をより小さくするために、鋼系材料に変更しました。パワーウインドーの開閉動作は数秒間に行われます。長時間の連続動作をしないという割り切りにより、鋼系材料のヒートシンクであっても放熱性の悪化を最小限に抑え込めるという検証から材料を選択しました。

　高放熱性接着材料では、フィラーの充填量を増加させる（熱伝導率

を向上させる）と接着剤の粘度が上昇します。これは製造工程内で接着剤の均一な厚さ管理に影響を与えます。従って、工程内で扱いやすい粘度に調整する必要があります。一般に、溶剤を添加して接着剤塗布時の粘度を調整します。ただし、この溶剤添加にも副作用があります。部品実装基板上に蒸発したものが付着して表面を汚染することです。

　このように、熱伝導率と製造工程内で扱いやすい材料特性とのバランスをとった材料が必要となります（図7-16）。

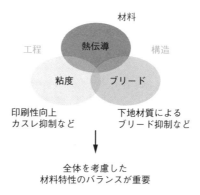

図7-16 ●バランスの取れた材料開発の重要性
（出所：筆者）

7.3　エンジンECU

7.3.1　ガソリンエンジン制御の概要

　エンジンの出力制御は、排出ガスと燃費規制（CO_2排出量規制）に適合させながら、最高の熱効率で出力を引き出すことです。そのためには、ピストンの位置やエンジンの状態（水温）、吸入した空気量などの

各種制御に必要な情報をさまざまなセンサーから収集するところから始まります。

　理想空燃比を実現すべく、シリンダー内に供給すべき燃料噴射量を計算します（燃料噴射制御）。そして、ピストンの動きに合わせて混合気を爆発燃焼させるタイミングを計算します（点火時期制御ならびに負荷に応じた燃焼を実現する点火通電制御）。これを基本とし、車両停止時のエンジンアイドル状態での安定性制御（アイドル回転数制御）、および故障診断システムを含みます（OBD-Ⅱ；オンボードダイアグノーシス2、図7-17）。

　制御の中心は、もちろんECUです。ECUの内部は、入力した信号をマイコンが処理できるように信号変換（例えばA/D変換）を行います。マイコンは入力情報に基づいて演算を行い、アクチュエーターを動かす

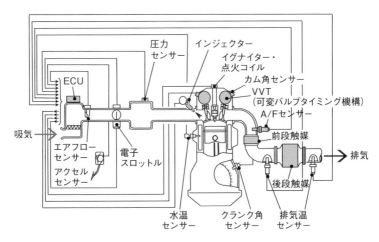

図7-17 ●ガソリンエンジン制御システム構成
（出所：筆者）

ために必要なパワーデバイスを駆動する信号を、マイコンのポートと呼ばれる端子から出力します。ほかにも、他の ECU と信号をやり取りするための通信制御の回路も搭載しています。ガソリンエンジン制御ECU の中には、回路基板上に 1000 個を超える回路部品を搭載するものもあります。

7.3.2 ECU の小型実装技術

エンジン制御 ECU は、製品の小型化のためにさまざまな小型化実装技術を利用しています。搭載する部品の小型化を行うことはもちろん、配線基板の高密度化にも取り組んでいます（図 7-18）。基板の高密度配線化を支えるのは、多層化と配線ルールの微細化です（表 7-2）。携帯電話などで使われるビルドアップ基板も、ナビゲーションシステム回路基板として市場での使用実績を重ねながら、エンジン制御 ECU の回路基板としても採用されるようになりました。さらに、製造面からの小

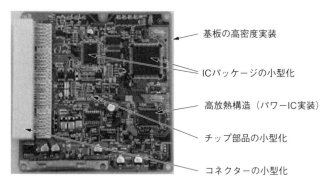

基板の高密度実装

ICパッケージの小型化

高放熱構造（パワーIC実装）

チップ部品の小型化

コネクターの小型化

図 7-18 ● ECU の小型化対応技術
（出所：筆者）

表7-2 ●基板の微細配線化と積層化
（出所：筆者）

単位：[μm]

	4層	6層	6層BVH	1-4-1ビルドアップ
基板 断面構造				
ビア径 （形成法）	Φ300 （ドリル）	Φ300 （ドリル）	Φ300 （ドリル）	Φ100 （ドリル）
配線ルール ライン/スペース	130/170	130/170	130/170	75/75

型化として、民生品で採用している技術の車載電子製品への適用検討も行っています（図7-19）。

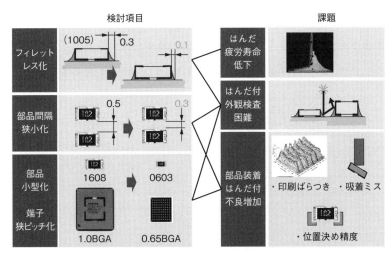

図7-19 ●ECUの小型化技術と製造課題
（出所：筆者）

7.3.3　ECU の放熱構造

　ECU の放熱設計とは、基板上の発熱部品の熱を効率よく最終放熱部位である外気、あるいは車両のボディーに伝えることです。そのために、部品が搭載されるプリント配線板の熱伝導率を高めたり、発熱部品のパッケージの耐熱性を向上させたり（最近ではパワーデバイスのパッケージにおいて 175℃保証品が増えてきました）し、さらにパワーデバイス用パッケージ（以下、パワーパッケージ）の実装を工夫して、放熱性を向上させるようにしています（図 7-20）。

　ここで、プリント配線板の熱伝導率を高めた場合に注意すべき点があります。熱伝導率の向上とは、発熱部位の熱を素早く基板全体に拡散できるということです。これにより、基板の場所による温度分布の温度差を小さくします。ところが、基板の熱伝導率が高くなると、例えばパワーデバイスの熱が素早くアルミ電解コンデンサーに伝わるようになり

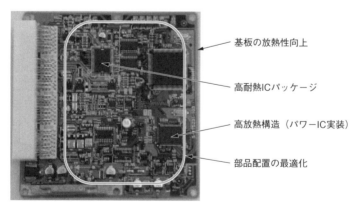

基板の放熱性向上

高耐熱ICパッケージ

高放熱構造（パワーIC実装）

部品配置の最適化

図 7-20 ●ECU の高放熱化技術
（出所：筆者）

ます。これにより、アルミ電解コンデンサーが使用期間中に受ける熱負荷が増加し、アルミ電解コンデンサーの寿命が短くなる懸念があります。

　基板の熱伝導率を高めることは製品全体の放熱性の向上に寄与するのですが、そのメカニズムを正しく理解しておかないと予想外の問題につながります。回路基板は回路基板保護のための外部金属筐体に、熱を伝えるように設計することになります。その事例を図7-21に示します。縦長の楕円で囲んだ部分は、基板と金属筐体を高放熱性の接着剤で熱的に接続し（低熱抵抗化）、金属筐体に放熱しています。この例では、パワーパッケージの熱は、プリント配線板に設けたサーマルビアを介してパッケージの反対面に伝わり、さらにそこから接着剤で固定された金属筐体に熱を伝えるようにしています。

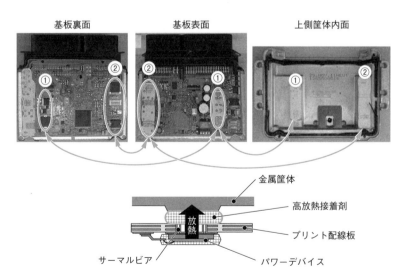

図7-21 ●ECUの放熱構造（サーマルビア、接着剤）
（出所：筆者）

　パッケージで放熱性を高めることはもちろん、製品として使用される
ときの全体構造を考えて、より効率的な放熱構造を採用していくこと
が、放熱性の向上につながります。

7.4 インバーターの放熱構造

7.4.1 インバーターの構成

　電動車両においてモーターを駆動制御するのが、パワーコントロール
ユニット（PCU：Power Control Unit、p.154 参照）です。PCU にはイ
ンバーターが含まれています。図7-22 は、プラグインハイブリッド車
（PHEV：Plug-in Hybrid Electric Vehicle）の電動系部品（バッテ
リー、PCU、モーター、発電機、内燃機関、燃料タンク、車載充電器）
の構成を示したものです。PHEV から内燃機関と燃料タンク、発電機を
除くとピュアな（バッテリーで駆動する）電気自動車（EV）、すなわち
BEV（Battery Electric Vehicle）になります。

　一般的な HEV の PCU の構成を簡略化して図7-23（a）に示します。

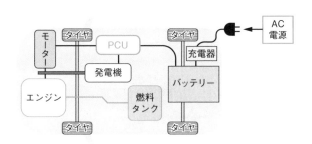

図 7-22 ●PHEV の各電動関連部品の構成
（出所：筆者）

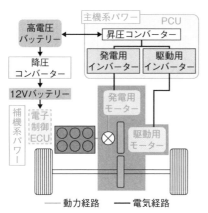

(a) PCUの内部構成と電動部品　　　(b) PCUの主機モーターとの機電一体化

図 7-23 ●HEV の PCU の構成と機電一体化
（出所：筆者）

PCU の内部構成は、DC（直流）入力電圧を高電圧化する昇圧コンバーターと、この昇圧された電圧から三相交流を生成するインバーターを含んでいます。現在車両のプラットフォーム（PF：platform）設計が進んでおり、このインバーターを含む PCU の小型化が各車両メーカーから強く求められています。その目指すところは、図 7-23（b）に示すように、主機モーターとの一体搭載（機電一体化）を実現し、高電圧系の配線の短縮・軽量化を図ることです。

　また、最近では、モーター駆動電圧を高電圧化（従来は 600V 前後であったものを、800V 化する動きがあります）することで軽量化を目指す動きがあります。これは、高電圧系の配線を細くできるためです。

　さらに、インバーターのパワーデバイス周りの構成を回路記号を含めて表現すると、図 7-24 のようになります。昇圧コンバーターもパワーデバイスを含んでいますが、三相交流生成の部分は、少なくとも 6 個の

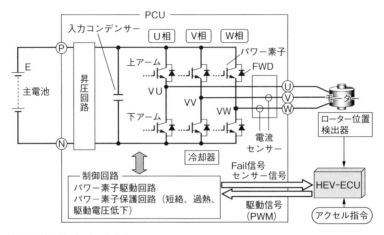

図 7-24 ●インバーターの構成
〔『図解カーエレクトロニクス（上）』（日経 BP）の p.86 の図 17 を基に筆者が作成〕

パワーデバイスが必要となります。

7.4.2 パワーモジュールと片面放熱構造

　パワーデバイスが動作する状態は、次の4つに分けられます。

[1] デバイスに電流が流れていない状態、デバイスの両端に電圧が印加
　　されて保持している（遮断状態）。

[2] デバイスに電流が流れている状態、デバイスに電流が流れて導通抵
　　抗に応じた電圧を発生している状態（通電状態）。

[3] デバイスが遮断状態から通電状態に変化する過渡の期間、電圧・電
　　流ともに発生（ON 遷移）。

[4] デバイスが通電状態から遮断状態に変化する過渡の期間、電圧・電
　　流ともに発生（OFF 遷移）。

　それぞれの状態で、もう少し詳しく電圧と電流がどのような挙動をす

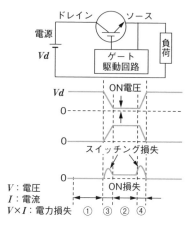

図 7-25 ●パワーデバイスの動作時の損失
〔『図解カーエレクトロニクス（上）』（日経 BP）
の p.87 の図 19 を基に筆者が作成〕

るかを確認します（**図 7-25**）[3]。

［1］**遮断状態**：通常の使用状態のデバイスであれば、電流はゼロです。デバイスには電源電圧が印加されている状態です。この状態では $V \times I = 0$ なので、デバイスの動作に伴う損失はありません。

［2］**通電状態**：回路定数で決まる負荷電流がデバイスに流れます。また、その際にデバイスに電流が流れるときの抵抗値に応じて、デバイスの両端には電圧が生じます（ON 電圧）。そのため、$V \times I \neq 0$ となり、損失（ON 損失）が発生します。電圧と電流の変化のイメージは、**図 7-25** の②の区間を見てください。

［3］**ON 遷移**：デバイスに負荷電流が流れていない状態から、負荷電流を流すまでの途中の遷移状態です。デバイスのゲートに電圧を加え、デバイスに電流が流れ始めます。このときに、ゲート駆動回路

からの印加電圧は、ゲート–ソース間の容量を充電しながらゲートに電圧が加わります。そのため、容量を充電しながらゲート電圧が上昇します。それに追従して負荷電流が増加し、電流が立ち上がります。一方、遮断状態でデバイスの両端に加わっていた電源電圧は、電流の増加に伴って低下します。そのため、$V \times I \neq 0$ となり、損失（スイッチング ON 時損失）が発生します。電圧と電流の変化波形ならびに $V \times I$ の値の変化のイメージは、図 7-25 の③の区間を見てください。

[4] OFF 遷移：③と逆にデバイスに負荷電流が流れている状態から、負荷電流を遮断するまでの遷移状態です。ゲート電圧を 0V に変化させることで、負荷電流を遮断するように制御します。しかし、実際はゲート容量に蓄えられた電荷を引き抜き、ゲート電位を 0V にする必要があります。そのため、この容量の放電に伴う電圧変化に依存します。このゲート電圧の変化に応じて負荷電流も減少します。このため③と同様に $V \times I \neq 0$ となり、損失（スイッチング OFF 時損失）が発生します。従って、完全に電流が 0A になるまでにある時間幅が必要です。この遷移状態におけるデバイスの電流と電圧の変化ならびに $V \times I$ の値の変化のイメージは、図 7-25 の④の区間を見てください。

このように、③と④のそれぞれで損失が発生します。一般には両者を合わせてスイッチング損失といいます。すなわち、パワーデバイスの動作に伴って、通電損失（②）とスイッチング損失（③＋④）を生じることになります。インバーターのパワーデバイスが扱う電圧は 600V 前後

と高く、電流は数百 A と大きいため、両者の積で計算される損失も大きなものになります。

　一般的な家庭用インバーターでは、パワーデバイスとして MOS トランジスタというデバイスが使用されます。これに対し、自動車用インバーターに使われるパワーデバイスは、IGBT と呼ばれるデバイスです。自動車用インバーターで扱う電圧が 600V 前後と高いため、その電圧領域での両者の ON 電圧の特性の違いによって使い分けているのです。制御する電圧が低い領域では、通電時の同じ電流を流すために必要な ON 電圧は MOS トランジスタの方が低くなっています。一方、600V 前後においては IGBT の ON 電圧の方が、MOS のそれに比べて低くなります。従って、自動車用インバーターの動作領域では、IGBT を使用した方が通電損失を低くできることになります（図 7-26）。

　一般的なインバーターに使われるパワーモジュールのイメージを図

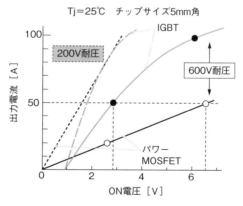

図 7-26 ● IGBT と MOSFET の ON 電圧特性比較
（『図解カーエレクトロニクス（上）』（日経 BP）の p.89 の図 21 を基に筆者が作成）

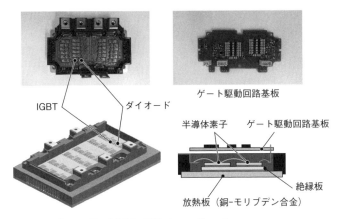

IGBT　　　ダイオード

ゲート駆動回路基板

半導体素子　ゲート駆動回路基板

絶縁板

放熱板（銅-モリブデン合金）

図 7-27 ●ゲート駆動回路を含む IGBT パワーモジュール
（出所：筆者）

7-27 に示します。同図の右側の写真が IGBT のゲート駆動回路基板です。同図の右下の断面図のように、パワーデバイスが搭載されている上側に積層しています。そのため、この構造のパワーモジュールでは、パワーデバイスの熱を逃がすための構造は、放熱板側から放熱する構造となります。

　パワーデバイスを含む放熱構造は、異なる部材の積層構造となり、片面放熱構造では特にこの積層構造を簡素化する（積層段数を減らす）ことが重要となります。その事例を図 7-28 に示します。従来の構造に対し、ヒートスプレッダー周りの材料を減らす工夫を施しています。そして、熱膨張率の差によるせん断応力ひずみを吸収するために、緩衝材の形状に工夫を加えています（特許）。さらに、最近ではパワーデバイス部と冷却器の放熱フィンまでを接合材料を介して一体構成とする設計が増えてきています。

(a) 従来構造　　(b) 低熱抵抗化構造

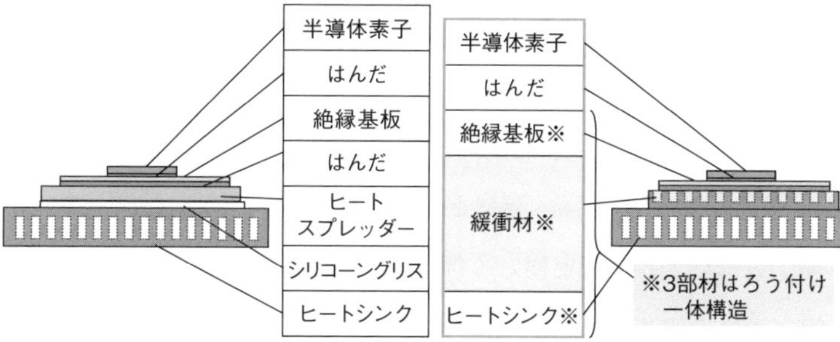

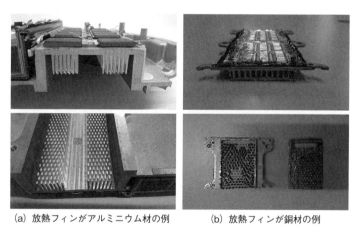

図 7-28 ●片面放熱構造の低熱抵抗化
(『自動車技術会学術講演会前刷集 39-20095487』を基に筆者が作成)

(a) 放熱フィンがアルミニウム材の例　　(b) 放熱フィンが銅材の例

図 7-29 ●冷却フィンとデバイスを直接接合
(出所：筆者)

図7-29には、放熱フィンとしてアルミニウム材と銅材とを用いたそれぞれの例を示します。図7-29 (a) の例では、放熱フィン部を純アルミニウム材の押し出し成形によってピン状の断面が楕円形をしたピンフィンを形成しています。外側の水路を形成している筐体はADC12に

よるアルミダイカストで製造しています。従って、この放熱プレートと
水路形成筐体とは、摩擦攪拌接合によって接合して一体化した筐体とし
ています。

　図7-29（b）の例では、銅材を用いて放熱プレートを形成していま
す。加工方法はアルミ材と同じく押し出し成形です。この製品では、水
路を密封構造とするための対向面のプレートも銅材としています。さら
に、一般的なラジエーターと同じく対向面の銅プレートと放熱フィンの
銅のピン（このピン形状は円柱形状です）とを、硬ろう付けしていま
す。これにより、上下両面に放熱ピンがつながっており、放熱効率をよ
り高めています。

7.4.3　両面放熱構造の実装技術

　パワーデバイスの両側から熱を逃がす（両面放熱）構造とすること
で、理論上、放熱性能は片面放熱構造に対して2倍にできます。加えて、
特性が同じであれば、2倍の電流を流すことが可能となります。図7-
30に両面放熱構造のイメージを示します。

　パワーデバイスの両側の放熱板を支持固定し、この両面放熱構造を実
現するために、全体をエポキシ樹脂で封止したパッケージ構造としてい

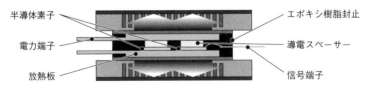

図7-30 ●パワーデバイスパッケージと両面放熱構造
（出所：筆者）

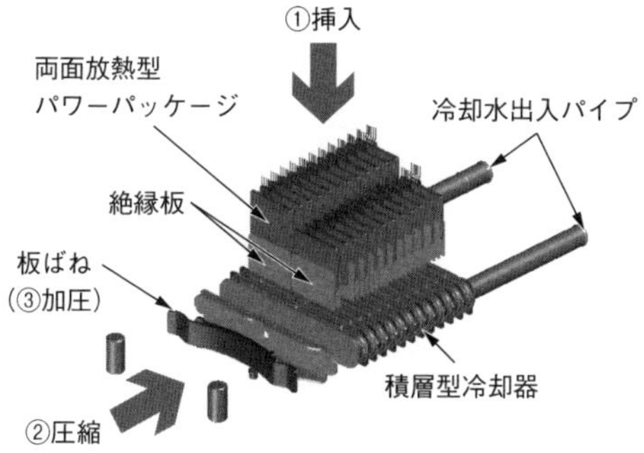

図7-31 ●パワーパッケージの組み付けと低熱抵抗化の工夫
（出所：筆者）

ます。水冷却器を必要形状に組み付け、後から水冷却器の間に絶縁板と共にパッケージを挿入して組み付ける方法で造っています。接触熱抵抗を下げるために、外からの接触圧力も重要となります。そのため、積層冷却器の個々の冷却器の接続部分に収縮可能な構造を設け、全てのパッケージの挿入が完了した後、外部から加圧して接触熱抵抗を低く保持する構造を採用しています（図7-31）。さらに、水冷却器には車載ラジエーターの技術を使用。図7-29（b）（p.295）に示した通り、内部フィンは両面にろう付けされていて高放熱な構造にしています。この構造を組み込んだPCUの例を図7-32に示します。

実際のパワーデバイス部分の熱設計と実装技術について説明します。図7-33に、パワーデバイスから水冷却器までの熱回路網を示します。この中で設計上かつ製造上の不安定要素を含んでいるのが、グリスの部分です。

パワーデバイスやはんだ、銅ヒートシンク、窒化ケイ素（SiN）絶縁板は物性値で熱抵抗値が決まっており、製造上の組み付けによって変動

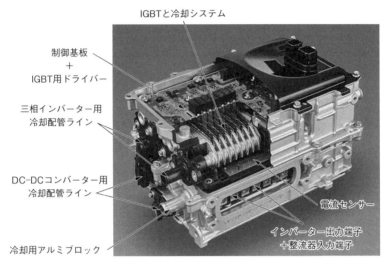

図 7-32 ●両面放熱構造を組込んだ PCU の例
（出所：筆者）

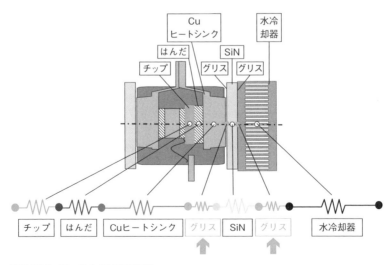

図 7-33 ●パワーデバイスの熱回路網
（出所：筆者）

する要素はありません。また、水冷却器はパッケージの要求電力によって冷却性能を決めるため、設計パラメーターであって安定しています。残るのはグリスです。グリスよりもずっと高熱伝導の熱伝導材料はあります。ただし、接触熱抵抗を下げるためには、接触する両面の凹凸に確実に追従し、空間を熱伝導材料で埋められることが大切です。

図7-31（p.297）に示したように、パッケージの組み付けでは、一定の加圧によって接触力を維持します。これに対しても、熱伝導材料は十分変形してなじむ必要があります。この両面構造では、ばね加圧ですが、この加圧力がばらつかないように管理することがポイントです。

さらに、パッケージに関しては図7-34に示すように、①チップの傾きの制御（はんだの厚さの均一性、はんだ接合部の寿命に影響を与える）、②はんだのあふれ、あるいははんだ量不足（電気的接続の信頼性と熱抵抗の安定性の確保）、③パッケージ全体の厚さ（水冷却器との接触の均一性と接触力の安定性）の項目を、きちんと管理して実装してパッケージングする必要があります。そのため、一定のはんだ厚を確保するために、はんだ材料内に金属粒子を入れ込んでいます。はんだ付け部に発生するボイド（気泡）は、はんだ寿命を短くする上に、放熱の面からも熱抵抗上昇を招きます（図7-35）。

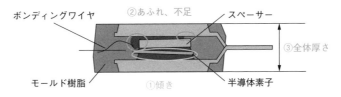

図7-34 ●パワーデバイスパッケージの実装上の管理点
（出所：筆者）

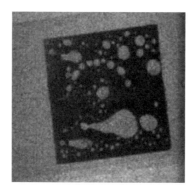

図 7-35 ● パワーデバイス直下のはんだ付け
部のボイド
（出所：筆者）

参考文献

1）『自動車用語和英辞典』、自動車技術会、2001 年.

2）村野耕平、冨永雄一、島本太介、堀田裕司、『高放熱性樹脂材料の開発に関する研究』、長野県工業技術総合セ
ンター、研究報告、No.12、pp.M7-M11、2017 年.

3）加藤光治監修、『図解カーエレクトロニクス（上）』、日経 BP、p.86、2011 年.

第 **8** 章

実装技術の将来動向

車載電子製品に対する実装では、適切な小型・軽量化の実現、機能実現のための放熱性の確保、信頼性（長寿命）の確保が主に求められます（第1章図1-7の「実装への要件」p.35参照）。

8.1.1 適切な小型・軽量化

電子製品の小型・軽量化の目的は、車載電子製品の場合、最終的にはクルマの付加価値を向上させることです。前後しますが、軽量化は、内燃機関車両では燃費向上によって航続距離を伸ばし、電気自動車（EV）でも満充電した際の航続距離（1回充電当たりの充電航続距離）を長くすることに貢献します。

一方、小型化は、クルマの居住空間を広くすることにつながります。また、車載電子製品の搭載空間を維持しながら新機能を追加することにも寄与します。車載電子製品は、車両のモデルチェンジごとに新たな規制に対応して機能を向上させる必要があります。そのため、何も手を打たなければ製品サイズが大型化したり、新しい電子制御システムの採用によって新たな電子製品が追加される分、製品の搭載数が増えたりします。ところが、車両のサイズは規格で決まっているため、車載電子製品の搭載空間を自由に拡大できるわけではありません。従って、既存製品

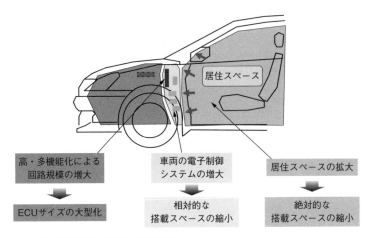

図 8-1 ● 車載電子製品の小型化が必要な理由
（出所：筆者）

を載せたまま新しい製品を搭載するための空間を、従来部品の小型化などによって確保する必要があります（図 8-1）。

このように搭載制約があるため、他社よりも小型・軽量であれば競争優位に立てる可能性があります。軽量化は先に触れたように、燃費に換算して付加価値を認めてもらえます。こうしたバランスを考えて、どのような製品の小型化を狙うかについては、製品企画開発の段階で十分に検討する必要があります。

ただし、最近の特殊な小型化技術の中には、非常にコストがかかるものもあります。従って、小型化による材料・部品コストの低減効果に対し、組み立てや加工の製造コストが増加する場合があります（図 8-2）。

8.1.2 放熱性の確保

電子製品を小型化すると、製品の搭載環境が変化する可能性がありま

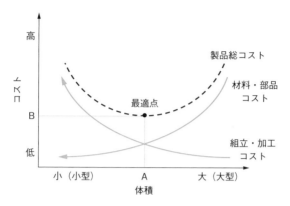

図 8-2 ● 最適な小型化の考え方
（出所：筆者）

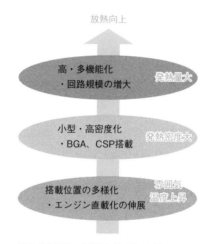

図 8-3 ● 製品の小型化と熱設計の関係
（出所：筆者）

す。機電一体製品はその例です。製品自体を小型にすることで、製品の
放熱面積は減少し、発熱密度は上昇します。これに対応した放熱設計を
行わないと、製品の動作に影響を与えます（図8-3）。

　車両の電動化が加速する中で、パワーコントロールユニット（PCU）

のインバーターに対する小型・大容量化は、重要な製品競争力になります。特に、パワーデバイスの実装部分の放熱システムの設計は重要です。これまで、軽量化の流れの中で、金属材料は銅（Cu）からアルミニウム（Al）合金への置き換えが進んできました。例えば、ラジエーターにおいて、従来 Cu ラジエーターであったものが Al 合金ラジエーターに置き換わりました。その流れで、インバーターパワー部の水冷却器の放熱フィンも Al 合金材を使う例が中心となっています。しかし、振り返って考えると Cu は Al に比べて熱伝導率が 1.6 倍高いので、小型な冷却器を設計することが可能になります［第 7 章図 7-29（p.295）参照］。

8.1.3　信頼性の確保

　車載電子製品に期待される寿命は 20 年以上です。その期待に応えるには、最大の弱点である異種材料との接合部の寿命設計が重要になります。ここでは、パワーデバイスの接合に関して動向を説明します。

　最近は、パワーデバイスにワイドバンドギャップ（WBG）半導体を使用することを想定した、接合材料の開発・採用が行われています。WBG 半導体の特徴である 250 ℃での動作を生かしたパワーデバイス構造を実現しようとすると、鉛（Pb）フリーのはんだ材料としては候補材料が決まっていない状態です。そのため、金属ナノ粒子を利用した焼結金属接続材料や融点変換型材料（TLPS：Transient Liquid Phase Sintering）が開発・評価されている状況です（図 8-4）。WBG 半導体に対応した高融点化は実現できていますが、接続材料として長期の接続寿命を評価してみると材料が破壊し、その影響で半導体そのものを破壊

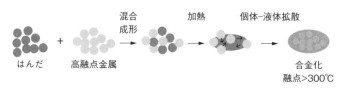

図8-4 ●TLPS 材料の考え方
（出所：筆者）

図8-5 ●TLPS 材料の特徴（硬い）
（出所：日本スペリア社西村貴利氏の講演資料）[1]

してしまうモードも確認されている状況です（図8-5）。

　ここで、世界で最初に炭化ケイ素（SiC）のパワーデバイスを車載イ
ンバーターに採用した構造[2]について触れておきます。図8-6にパッ
ケージ品の断面写真と、それを基にした模式図を示します。SiC は
DBC（Direct Bonded Copper；ダイレクト・ボンデッド・カッパー）
基板上に実装されています。DBC 基板と SiC は銀（Ag）焼結材を使っ
て接続しており、厚さはおおむね 20μm 程度です。同様に、DBC 基板と
Al のヒートシンク面も Ag 焼結材で接続されており、その厚さは約 110
μm 程度です。SiC と上側の Cu リードとの接続は、Pb 入り高温はんだ
が使われています。その厚さは約 180μm です。この構造から見えてく
る設計思想は、挑戦的な技術と枯れた技術とを組み合わせているところ
です。枯れた技術を使うのは、信頼性を確保するためです。

　パッケージの組み立てから、そのパッケージを Al のヒートシンクに

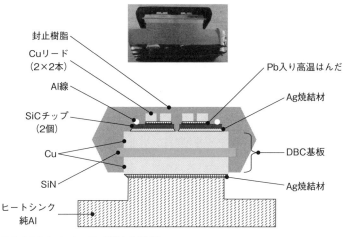

図8-6 ● SiC パッケージの構造と接続材料
（出所：筆者）

組み付けるまでを順に説明します。まず、チップ搭載面側をパターン形成した DBC 基板上に、SiC を接続搭載します。チップ裏面（ドレイン）と DBC 基板の接続には Ag 焼結材を使っています。チップ下部分は熱抵抗を小さくするために、極力薄くすることを意識しています。この薄さを実現するために、あらかじめシート加工した焼結材を用いている可能性もあります。それを加圧して焼結させていると思われます。

　続いて、ゲート引き出し端子や、ソースとソースセンス端子、ドレイン端子を設けるように加工した Cu のリードフレームを接続します。その際、チップ表面（ソース）とソース端子リードとの接続には Pb 入りはんだを使っています。このはんだ材も、シート状にプリフォームしたものを用いていると思われます。

　一方、ドレイン端子は、DBC 基板上のパターンとの接続にスズ（Sn）

はんだを用いています。ソースおよびドレイン部の接続が完了後、100 μm の Al ワイヤ線でボンディングを行い、樹脂で封止します。その後、樹脂封止型にセットする外部の補助リードフレーム部を切断し、SiC パッケージ品が出来上がります。

　次に、ヒートシンクとパッケージとの接合には Ag 焼結材を使います。複数個の SiC パッケージを同時に Al ヒートシンクに接続します。Ag 焼結材は、印刷供給している可能性もあります。加熱焼結の際には同じく加圧して接続しています。Ag 焼結のプロセスは加圧治具などが必要で、バッチ処理していると推定されます。焼結材の接合は、はんだ付けの接合の時間に比べて長時間（数十分程度）になることや、大きな Al ダイカスト筐体全体を加熱することなどから、製造コストは高めであると思われます。

　ソース端子と SiC チップの接続に Ag 焼結材を使っていないのは、採用した焼結材が無加圧では、十分な接続特性（電気的、熱的）が得られないからだと思われます。そのため、はんだ材料を選択したと思われますが、SiC の高温動作を生かすためには、現時点では融点の高い Pb 入りはんだを選択したと推定できます。

　このパワーデバイスの実装構造を通して、インバーターにとって最重要部品である箇所に関しては十分に評価の済んだ材料系を採用しているものの、環境負荷物質の規制などを考えると、最終時の実装形態でないことも理解できると思います。繰り返しになりますが、そこには、信頼性（長寿命）を優先していることが見て取れます。

8.2　将来の車両のために実装技術ができること

　今後、自動車業界では車両の自動運転化が進んでいくことでしょう。この自動運転車両では、制御の面から相性が良いのが、電動車両といわれています。自動運転車両において、エネルギーマネジメントを含めた総合的な車両制御を行うには、全てを電気エネルギー視点で管理する方が合理的です。そのため、自動車メーカーはエネルギー制御の簡単なBEV（Battery EV；電気自動車）の開発を加速しています。

　このように、車両の自動運転化と共に電動化も加速することでしょう。電動車両の課題は、いかにエネルギーを効率良く使い切る制御を実現するかにあります。高性能な電池と合わせて、動力制御システムの小型・軽量化は、車両の付加価値向上によって利用者に大きなメリットを生み出します。そのためには、高電圧化やWBGデバイスの採用などによってシステムの損失を減らし、小型・軽量化をさらに進めることです。

　加えて、信頼性確保のためには、高放熱冷却システムを実現することも必要です。もう少し要素分解して考えると、高電圧化に対応した絶縁材料と、その材料を使いこなす実装技術、WBGの性能を最大限に引き出して信頼性の高いシステムを実現する冷却システムを含めた、パワーデバイス構造を確立する必要があります。

　そのためには、300℃程度までの耐熱性があって接続信頼性も高い接合材料の開発と、それを使いこなす実装プロセス、生産技術の確立も必要です。これまでもそうですが、実装技術の進化の背後には、優れた実

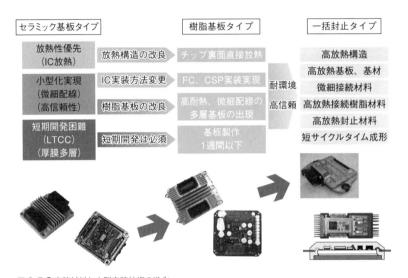

図 8-7 ● 実装材料と小型実装技術の進化
（出所：筆者）

装を支える材料の開発や進化があるのです（**図 8-7**）。

　車載製品を考えた場合、車両という限られた制約条件の下で小型・軽量の製品を実現するには、過去に電子産業でいわれてきた水平分業・グローバル化ではもう対応できない段階にきていると思われます。全てを囲い込むのではなく、各階層の中でコミュニケーションをとり、各階層は目の前の製品開発に集中するとともに、担当する製品が搭載される車両搭載製品での役割（機能）と、搭載製品の使われ方（使用環境）を常に意識する。こうして、担当する製品でどのような貢献ができるかを常に意識しながら開発に当たることが大切です。

　そして、上の階層や下の階層の分野に対しても臆することなく提案し、コミュニケーションをとって、より良いクルマづくりに貢献できる

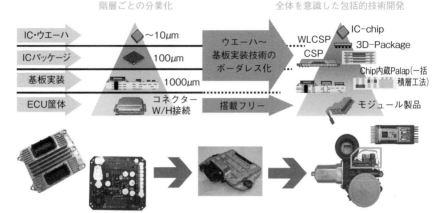

図 8-8 ●製品全体を意識した総合（実装）技術開発
（出所：筆者）

よう心掛けたいものです（**図8-8**）。そして、それが製品開発を通じて
「会社に貢献・社会に奉仕」の実現につながると信じています。

参考文献

1) 西村貴利，「パワーデバイス用ナノ銀ペースト及び高信頼性鉛フリーはんだ」，京都実装技術研究会，第3回例
会，2015年.

2) 山本真義，テスラモータ分解班，『テスラ「モデル3/モデルS」徹底分解［インバーター/モーター編］』，日経
BP，2020年.

用 語 集

本書を読む際の参考となるように用語の一覧を掲載します。各用語の詳細をさらに知りたい場合は、専門の用語辞典で調べてください。

なお、この用語集の表現では、専門用語辞典と表記が異なるものがあります。本書では日本経済新聞社の表記ルールに合わせています。

用　語	英語表記	よ　み	
▶▶▶ 日本語（あ）			
アイドル回転数制御装置	Idle Speed Control（ISC）	あいどるかいてんすうせいぎょそうち	
アスペクト比	aspect ratio	あすぺくとひ	
厚膜集積回路	thick film integrated circuit	あつまくしゅうせきかいろ	
アディティブ法	additive process	あでぃてぃぶほう	
異形表面実装部品	odd-shape SMD	いけいひょうめんじっそうぶひん	
EGR率	EGR rate	いーじーあーるりつ	
一括リフロー	mass reflow soldering	いっかつりふろー	
インサーキットエミュレーター	in-circuit emulator	いんさーきっとえみゅれーたー	
インターポーザー	interposer	いんたーぽーざー	
ウォッチドッグタイマー	Watch Dog Timer（WDT）	うぉっちどっぐたいまー	
エアフローメーター	Air Flow Meter（AFM）	えあふろーめーたー	
エピタキシャル成長	epitaxial growth	えぴたきしゃるせいちょう	
エポキシ樹脂	epoxy resin	えぼきしじゅし	
エミッションコントロール	emission control	えみっしょんこんとろーる	
演算増幅器	operational amplifier	えんざんぞうふくき	

アイドル時の目標回転数を ECU に記憶しておき、各センサーの検出信号からエンジン状態を検知し、アイドル回転数が目標回転数になるようにコントロールする装置である。

印刷機においては、はんだペースト印刷のメタルマスクの板厚とマスク開口寸法の比。高アスペクト比とは、板厚に対して開口寸法がかなり小さく、はんだペーストを充填しにくい状態のことである。

厚膜形成技術によって回路が形成された基板に、半導体・受動部品などを搭載した混成集積回路。膜の厚さは一般的に数 μm〜数十 μm であり、薄膜集積回路に比べ微細度は劣るが、印刷法で形成できるため作りやすくコストが安い。搭載される IC などの部品数が増えると、配線数は増大し、限られたスペースで配線するために厚膜印刷多層基板が採用される。

電気絶縁性基板を出発材料として、無電解めっきなどにより導電体を必要箇所に析出させて回路を形成するプリント配線板の製造方法。

角形チップ部品や円筒形チップ部品でない半固定可変抵抗器、トリマコンデンサー、コネクターおよびスイッチのようなチップではない表面実装部品を総称として異形表面実装部品と呼称する。

排気ガス循環（exhaust gas recirculation）において、燃焼室に吸気されるガスのうち、EGR（排気再循環）ガスの占める割合。

プリント配線板に装着された部品を、同時に全体を加熱して、はんだ付けをする方法。

マイコンの応用システム開発ツールの 1 つ。マイコンを使用した応用システムの開発時にマイコンと同じ動作をさせる。開発対象のマイコンに比べ、命令の流れやデータの確認、プログラムの一時停止による動作確認などができる。この機能により、マイコンのプログラムや応用回路のデバッグを行う。略称は ICE（アイス）。これは米 Intel（インテル）の商品名である。⇒ICE

チップとパッケージ基板の間に挿入される中間配線板。

車載コンピューター、ロボット、NC などのメカトロ機器の制御部で CPU のソフトウエア処理に異常がないか監視し、万一の場合のシステム暴走を防止する回路。

AFM。エンジンに吸入される空気量を検出するセンサーである。検出方法の違いにより、可動ベーン式、カルマン渦式、熱線式の 3 タイプがある。

結晶成長において、成長結晶の結晶構造を母結晶（基板）の結晶軸に合致させて成長させることをいう。基板とエピタキシャル膜が同質のときホモエピタキシャル成長、異物質のときをヘテロエピタキシャル成長という。

1 分子中にエポキシ基を 2 個以上持つ樹脂状物質およびそのエポキシ基の開環重合によって生成した熱硬化性樹脂のこと。フェノールや不飽和ポリエステル樹脂などほかの熱硬化樹脂に比べて、硬化の際の収縮が少ない。硬化物は化学的、電気的および機械的特性に優れる。

キャブレター式ガソリンエンジンの排気制御を行う装置（排気コンピューター）。触媒温度をモニターして一定温度以上になるとランプが点灯してユーザーに警告するなどの機能を持つ。

オペアンプ。高利得の直流増幅器で、大きな負帰還をかけて使用しても自己発振の起こりにくい増幅器である。差動入力を持ち、外部に適当な回路を付加することにより以下のような動作を行う。
(1) 加減算、微分積分などの代数演算、任意関数の発生
(2) インピーダンス変換、符号変換
(3) 発振器、フィルター
(4) 精密電源
(5) その他

用 語	英語表記	よ み	
O₂ センサー	oxygen sensor	おーつーせんさー	
オシロスコープ	osilloscope	おしろすこーぶ	
オルタネーター	alternator	おるたねーたー	
（か）			
開発環境	design environment	かいはつかんきょう	
回路シミュレーション	circuit simulation	かいろしみゅれーしょん	
ガラス転移点温度	glass transition temperature (Tg)	がらすてんいてんおんど	
貫通穴	Plated Through Hole（PTH）	かんつうあな	
基板材料	base material	きばんざいりょう	
キルビー特許	kilby patent	きるびーとっきょ	
クラス100	class 100	くらすひゃく	
ゲート酸化膜	gate oxide film	げーとさんかまく	
ゲルマニウムトランジスタ	germanium transistor	げるまにうむとらんじすた	
コア材料	core material	こあざいりょう	
コアレス基板	core-less board	こあれすきばん	
高温焼成セラミック基板	High Temperature Co-Fired Ceramics（HTCC）	こうおんしょうせいせらみっくきばん	

トヨタ自動車用語。排気ガス中の酸素濃度を検出するセンサー。O_2 センサーは理論空燃比近傍で出力電圧が急変する特性を持っている。
酸素センサー、ラムダセンサー

測定したい電気波形をブラウン管（ディスプレー）に表示する計測器で、電圧、電流、周波数の測定、波形の観測など機能を持っている。

交流発電機のこと。1962（昭和 37）年ごろからシリコンダイオードと組合わせた自動車用発電機が開発され、現在では直流発電機に代わりほとんどの車両に使用されている。

LSI を短期間で、ミスなく開発するためには CAD/DA ツールが不可欠である。シミュレーションやレイアウトといった要素 CAD/DA ツールに加え、使用するライブラリーや各種変換ツール、ユーザーインターフェースなどを含めた LSI を設計するための環境を総称して開発環境という。

回路シミュレーションでは、トランジスタをはじめとする回路構成素子を等価回路で表現し、これらを組み合わせて構成した回路の直流特性、過渡特性、周波数特性の解析を行う。

低温域でガラス状態の物質を加熱したとき、熱膨張率、弾性率などの物理的性質が急激に変化する物質固有温度。一般的にリジットプリント配線板では 150℃ 以下を低 Tg、150～170℃ をミッドレンジ、170℃ を高 Tg と呼んでいる。

プリント配線板の表面と裏面を貫通するめっきされた穴の総称で、ピン挿入タイプ部品実装や電気信号の接続に用いられる。めっきスルーホールとも呼称される。

プリント配線板を製造するために用いられる材料で、ガラス繊維などの基材にエポキシなどの樹脂を含浸し、銅箔を張り合わせた銅張積層板〔カッパークラッドラミネート（CCL：Copper Clad Laminate）〕を一般的に意味する。用いられる樹脂はエポキシ、ポリイミド、フェノールなどが一般的に採用されている。

複数の素子を 1 つの半導体基板に形成し、配線するという半導体集積回路の基本特許の 1 つ。

クラス 100 とは、1feet^3 中に含まれる粒径 0.5μm 以上の塵埃が、100 個以下の空間を表す。このクラスとは米国 Federal Standard に定められている清浄度を表し、クラス 100 が清浄度のおよその目安となる。クラス 100 といえば、成層圏上層以上の清浄度に匹敵する。クラス 100 は、JIS 規格に定められている清浄度クラス 5 に相当する。

MOS FET のゲート領域に用いられる絶縁膜をゲート酸化膜という。通常、Si 表面を熱酸化して得られる SiO_2 膜が用いられる。

ゲルマニウム（Ge）を基板材料とするトランジスタ。1960 年ころまではトランジスタの主流であった。合金接合型、成長接合型などがあり、移動度はシリコンより大きいので高遮断周波数の可能性を持つ。一方、禁止帯の幅が狭く、エミッター-ベース間電圧小、コレクター-遮断電流大で、最高動作温度は 80℃ 程度にとどまる。

ビルドアップ多層配線板を製造する際に、中心部になるリジッド配線板（両面または多層プリント配線板）を作成するために用いられる基板材料（CCL）をコア材料と呼称する。

ビルドアップ基板のコア層を使用せず、高密度配線の積層構造のみにした基板構造。

アルミナセラミックスを材料として、1000～1600℃ の高温で焼成する基板である。配線導体には、この焼成温度以上の融点を持つ金属材料を用いる。代表的な材料はタングステン（W）である。LTCC 基板に比べ高熱伝導であり、基板強度も高い。ただし、配線導体が W であり電気抵抗も高いので、使用時には注意が必要である。基板材料として表記するときは、高温同時焼成セラミックスという。

用　語	英語表記	よ　み	
高密度実装	high density mounting	こうみつどじっそう	
コプラナリティー	coplanarity	こぷらなりてぃー	
コモンモード	common mode	こもんもーど	
（さ）			
差動伝送	differential transmission	さどうでんそう	
サブストレート	substrate	さぶすとれーと	
サブトラクティブ法	subtractive process	さぶとらくてぃぶほう	
実装	mounting / packaging / assembly / Jisso	じっそう	
実装密度	mounting density	じっそうみつど	
ジャンクション温度	junction temperature	じゃんくしょんおんど	
受動部品	passive component	じゅどうぶひん	
スキージ	squeegee	すきーじ	
セミアディティブ法	semi-additive process	せみあでぃてぃぶほう	
センサーフュージョン	sensor fusion	せんさーふゅーじょん	
層間絶縁膜	interlayer dielectric	そうかんぜつえんまく	
ソルダーマスク	solder mask	そるだーますく	

電子機器を小型化、軽量化するために実装密度をできるだけ高めていくための実装形態。具体的には、実装間隔やパターン形状、パターン間隔、接続方法など多くの関連技術を背景に持つ。

JEDEC では「コプラナリティ」、JPCA では「平たん性」と定義されており、基板の最上面と最下面の高低差を指す。JEDEC ではコプラナリティーの測定方法として、シャドウモアレ法が規定されている。また、EIAJ では取付面に対する部品の各端子や電極の最下面の均一性（端子最下面均一性）をコプラナリティーという。

対になるラインに同じ向きに流れる信号もしくはノイズを表す。

1 対の信号線を使ってデータを伝送する方式。対を成す 2 本の信号線にはそれぞれ逆位相の信号を伝送する。

半導体デバイスのパッケージ用途に使用されるプリント配線板をサブストレートと総称する。半導体パッケージの種類に関係なく用いられる。半導体デバイスメーカーでは、インターポーザーと呼称することもある。

銅張積層板を出発材料として銅箔の非回路部分をエッチングにより溶解・除去して回路を形成するプリント配線板の製造方法。

（1）装着、（2）装着および接続、（3）装着、接続および保護、（4）装着、接続、保護および組み付けと狭義から広義まで使われる。表面実装に限定すれば、（1）または（2）の意味で使われることが多い。さらに最近は、機器セットシステムを構成する実装部品（半導体部品、受動部品、機構部品）から実装技術（回路パターン設計、プリント配線板、はんだペースト材料、はんだペースト印刷治具、実装プロセス・設備装置、検査プロセス・設備装置）にわたる固有技術と全体を最適化して設計するシステム設計技術とを横断的にかつ有機的に結びつけた「システム設計統合技術」とした広義の意味で「Jisso」と表現し、国際電気標準会議（IEC）や国際実装技術会議（JIC）などで採用されている。

単位体積あるいは、単位面積当たりに実装される部品の数、部品の接続ポイント数、部品面積、部品体積比率のこと。プリント回路板では、一般的に単位面積当たりの接続ポイント数で表す。

半導体素子の表面温度。

電気回路において、入力信号の周波数や時間軸の特性を変化させず、電圧、電流を制御する電子部品のこと。抵抗、コンデンサー、コイルなどがある。これに対して、トランジスタや IC など入力信号として小さな電力、電圧または電流を入れて、大きな出力信号として電力、電圧または電流の変化を得られる素子は能動部品と呼ばれる。

スクリーン印刷において、ソルダーペーストをスクリーンマスク上に広げたり、押し付けたりして印刷するためのもの。

アディティブ法の 1 つであり、無電解めっきを行った後に、電気めっきにより回路を形成し、その後無電解めっきで形成された不必要な導体をエッチングで除去する製法。

人間が視覚や聴覚、触覚など複数の感覚情報で知覚しているように、複数のセンサーから得られる情報に対し統合的に処理を行い、単一のセンサーからは得られない新たな機能を生み出そうとする考え方。

LSI において多層に形成された金属配線間に各々の金属配線を絶縁する役割を持つ絶縁膜の総称。シリコン酸化膜やシリコン窒化膜、シリコン酸化窒化膜などが絶縁材料として用いられている。

プリント配線板の回路の保護と、実装工程におけるはんだブリッジなどの実装信頼性を確保する目的で、プリント配線板に塗布または貼り合わされる樹脂を指す。ソルダーレジスト（solder resist）とも呼ばれる。

用　語	英語表記	よ　み	
（た）			
ダイアグノーシス	diagnosis	だいあぐのーしす	
ダイナモ	DC dynamo	だいなも	
ダイヤフラム	diaphragm	だいやふらむ	
多重通信方式	multiplex communication system	たじゅうつうしんほうしき	
チップ	chip	ちっぷ	
チップセット	chip set	ちっぷせっと	
チップ部品	chip component	ちっぷぶひん	
低温焼成セラミック基板	Low Temperature Co-fired Ceramics（LTCC）	ていおんしょうせいせらみっくきばん	
低温はんだ	Low Temperature Solder（LTS）	ていおんはんだ	
DCDC コンバーター	DC-DC converter	でぃしーでぃしーこんばーたー	
ディスクリート	discrete	でぃすくりーと	
ディファレンシャルモード	differential mode	でぃふぁれんしゃるもーど	
導電体	conductor	どうでんたい	
トレンチ分離	trench isolation	とれんちぶんり	
（な）			
鉛フリーはんだ	pb free solder	なまりふりーはんだ	
ノックコントロールシステム	Knock Control System（KCS）	のっくこんとろーるしすてむ	

診断、診断法のこと。車両用として正常・異常の判断、異常部位の発見を容易にできるような各種診断装置がある。オフボードダイアグノーシスとオンボード（車載）ダイアグノーシスに分類できる。

直流発電機。コンミテーターによって整流し、直流出力を出す充電用ジェネレーター。

金属または非金属の弾性薄膜。圧力計・流量計などの計器、電話機の振動板、ポンプなどに利用する。

1つの通信伝送路で多量の情報を伝送する方式。ベースバンド方式とブロードバンド方式がある。

受動部品、能動素子が形成された細片のことで、ペレット、ダイともいう。本書では回路の形成された半導体のことを指す。

CPUや高集積ICなどECUの主要部品のこと。

小片状の電子部品の総称。抵抗、コンデンサー、半導体、コイルなどを5mm角程度以下の大きさにしたもので、長方形、正方形あるいは円筒形である。

導体抵抗の小さいAgやCuを内層導体に用いるために、これらの導体金属の融点より低い（1000℃以下）温度で焼成できるようにしたセラミックスである。主原料のアルミナにガラスを混ぜ合わせているためガラスセラミックスとも呼ばれている。

融点がSn-Pb共晶はんだ（183℃）より低いはんだである。スズ、鉛以外にビスマスやインジウムなどの金属や樹脂を加えたもの。低融点はんだと同じ意味である。

DC（直流）で電圧を変換する装置。ICなどの電子機器はそれぞれ動作可能な電圧範囲が違うため、個々に見合った電圧を作る必要がある。元の電圧より低い電圧を作るものを「降圧コンバーター」、元の電圧より高い電圧を作るものを「昇圧コンバーター」という。

トランジスタや抵抗、ダイオードなど、その部品単体だけでは、用途にかなわず、部品として使われるもの。

対になるラインに逆向きに流れる信号もしくはノイズを表す。

プリント配線板に用いられる、電気信号などを伝達するために用いられる銅などの金属・金属めっき・導電ペーストなどを総称する。

誘電体分離の一種。半導体基板に、溝を形成し、その内部にシリコン酸化膜やポリシリコンに代表される誘電体を埋め込んだので、MOS、バイポーラーデバイスに使用される。

地球環境保全のため、人体に有害な鉛の使用を制限するもので、欧州では法制化されている。日本が世界に先駆けてこの実用化を推進している。実装における鉛フリーはんだには、実装部品に使われるものと、プリント配線板に使われるものがある。

ノックセンサーによってノッキングを検出し、微小なノッキング状態またはノッキング発生の直前状態でエンジンを制御するシステムをいう。

用　語	英語表記	よ　み	
（は）			
ハイブリッド IC	hybrid IC	はいぶりっどあいしー	
バックグラインド	back grind	ばっくぐらいんど	
バルク	bulk	ばるく	
ハロゲンフリー	halogen free	はろげんふりー	
パワーデバイス	power device	ぱわーでばいす	
バンプ	bump	ばんぷ	
ビアホール	via hole	びあほーる	
非貫通穴	Interstitial Via Hole（IVH）	ひかんつうあな	
表面実装	surface mounting	ひょうめんじっそう	
ビルドアップ法	build-up process	びるどあっぷほう	
フィードバック制御	feedback control	ふぃーどばっくせいぎょ	
フィールド酸化膜	field oxide	ふぃーるどさんかまく	
フィラー	filler	ふぃらー	
フェイルセーフ	fail-safe	ふぇいるせーふ	
フラックス	flux	ふらっくす	
フラッシュメモリー	flash memory	ふらっしゅめもりー	

能動素子をモノリシックICで、精度の高い自由度のある抵抗、配線を厚膜で作っていく混成化されたICである。この混成ICは少量生産に適しており、高精度トリミング回路（A/D、D/Aコンバーター）、超高周波回路（SHF、UHFなど）LC回路（フィルター、発振器など）、高圧回路（イグナイターなど）、大電力回路などに応用される。混成集積回路⇔モノリシックIC

ウエーハの裏面を削ること。パッケージの高さを低くするために、搭載する半導体デバイスを薄くするために行う。パワーデバイスの場合も、オン抵抗を減らすために行う。

部品を複数まとめる方法の1つ。ばらばらの状態の部品を袋またはケースに詰めた荷姿のこと。

有機系樹脂の難燃化のために採用されてきた臭素を主流とするハロゲン元素を使用しないことである。ハロゲンを含む一部の難燃化材料は、環境保全、廃棄物処理性、人体への影響などによりその使用が規制対象となりつつある。

演算処理を行うロジックやデータを保持するメモリーと異なり、如何に効率よく電気を使うかを担う電力機器向けの半導体素子である。「電力用半導体素子」、「パワー半導体」とも呼ばれる。

フリップチップなどを接続する金属突起。接続方式や工程によってバンプの形成方法や材料が異なる。

電気接続用の経由穴のこと。電気信号を伝送するため形成した小径の穴で、めっきあるいは導電性ペーストを用いて電気信号を接続する。ピン挿入タイプ部品の実装に用いない穴の総称である。

任意の層間を接続する穴の総称で、プリント配線板の表面から裏面に貫通しない経由穴である。ブラインドビアホール（blind via hole）やベリードビアホール（buried via hole）を含む。

プリント配線板などの基板に部品を、貫通穴を用いずに実装することで、導体パターンの表面に電気的に接続を行う搭載方法。高密度実装が実現できる。

通常の多層プリント配線板はあらかじめ形成された内層パターンを持つプリント配線板を、プリプレグを介して一括して積層して製造されるのに対して、内層回路の上に逐次絶縁層および導体層を積み上げていく多層プリント配線板の製法。

制御した出力の結果を入力側に戻して制御指令値を変更する制御方式。
例えばエンジン制御においては、酸素センサーやA/Fセンサーを使って排気ガス中の酸素と燃料との比を検出し、燃え残った燃料が多ければ燃料を少なくし、酸素が多ければ燃料を増やす制御である。

フィールド酸化膜とは、素子間領域の結晶表面に形成された数千Åの酸化膜のことである。その表面上には、素子間の配線が形成される。

樹脂に混入させた無機充填剤。

システム、装置、構成要素、部品などに故障が生じても、安全性が確保されること。車両システムに障害が発生した場合、安全側に制御すること。

はんだ付け性を向上促進させるために塗布する材料。有機溶剤に松脂などの樹脂分を溶かしたものが主流で、液状・ペースト状などがある。

書き込みはビット単位で可能であるが、消去は全ビットあるいはブロック単位で行う。電気的に書き込み消去可能な読み出しメモリー。1トランジスタセルであるため低コストで作ることができる。一挙に消去を行うことが「フラッシュ」の名の由来である。構造はいくつかの種類があるが、共通して高い抵抗を有するSiO_2に囲まれた浮遊ポリシリコンゲートを有する。

用　語	英語表記	よ　み	
フリップチップ	Flip Chip（FC）	ふりっぷちっぷ	
フリップチップボンディング	Flip Chip Bonding（FCB）	ふりっぷちっぷぼんでぃんぐ	
ブラインドビアホール	Blind Via Hole（BVH）	ぶらいんどびあほーる	
プリプレグ	prepreg	ぷりぷれぐ	
プリント配線板	Printed Wiring Board（PWB）	ぷりんとはいせんばん	
プレーナートランジスタ	planar transistor	ぷれーなーとらんじすた	
ペースト	paste	ぺーすと	
ベアチップ実装	bare chip mounting	べあちっぷじっそう	
ベアチップボンディング	bare chip bonding	べあちっぷぼんでぃんぐ	
ヘッドインピロー	head in pillow	へっどいんぴろー	
ベリードビアホール	Buried Via Hole（BVH）	べりーどびあほーる	
ボイド	void	ぼいど	
ホットスポット	hot spot	ほっとすぽっと	
ボルテージレギュレーター	voltage regulator	ぼるてーじれぎゅれーたー	
（ま）			
マイクロビアホール	micro via hole	まいくろびあほーる	
メサトランジスタ	mesa transistor	めさとらんじすた	
モアレ	moire	もあれ	

フリップチップボンディング用に作られた半導体チップのこと。ここではバンプ付きのフリップチップを意味する。

ワイヤレスボンディングの１つで、LSIの電極にバンプを設け、フェイスダウンでボンディングをする。この方法は、半導体チップの任意の位置から電極を取り出せるので配線が最短になり、電極数が増えてもチップが大きくならない利点がある。

プリント配線板の表面に一方向のみ、現れるビアホールのこと。⇒非貫通穴

多層プリント配線板を作成するために用いられるガラス繊維に樹脂を含浸させ、半硬化にした（Ｂステージ）材料をプリプレグと呼称する。

半導体・電子部品などが実装される前の状態のプリント基板を総称する。電子機器メーカーでは、マザーボード、プリント基板、メインボード、サブボード、ドータボード、ベアボードなどの呼称を用いている。また基材の剛性により、リジッド（硬質）プリント配線板とフレキシブル（軟質）プリント配線板に区別される。

素子の表面が酸化膜で覆われ平面であるためプレーナー型といわれるトランジスタ、表面が酸化膜で覆われているため他のタイプのトランジスタと比較してコレクター遮断電流が小さい、低周波領域の雑音が小さい、などの特色がある。

粉末はんだを粘性ペースト状フラックスで混ぜ合せた混合物。ソルダーペースト、クリームはんだと同じ意味である。

プリント配線板に半導体チップを装着・接続する技術。接続方法としては、ワイヤボンディング、TABのILB（Inner Lead Bonding）、フリップチップボンディングなどがある。

基板に形成された導体パターンあるいは、リードフレーム上の指定された場所に半導体チップを固着すること。ダイボンディング、ベアチップ実装と同じ意味である。

BGAなどのはんだボールと基板ランド上のはんだペーストが融合しない不良。枕不良とも呼ばれる。

プリント配線板の表面に現れないビアホールのこと。⇒非貫通穴

はんだ付け後に生じたはんだの空洞・気泡。はんだ付け欠陥の１つ。広く接合材接合面内の空洞・気泡のことをいう。

半導体デバイスにおいて局地的に温度の高い個所。

電圧調整器のことであり、発電機の発生電圧を一定値に制御するものや、ECU内の定電圧電源などがある。通常、車載の発電機とともに用い、発電機の発生電圧が一定の値以上に上昇しないよう機能している部品を指す。

ビルドアップ多層プリント配線板のビルドアップ層に採用される小径穴である。

高周波用に開発されたトランジスタの一種。ベース、コレクターの不要部分をエッチングして作ったもので、その形状が台形（メサ）をしているのでメサトランジスタと呼ぶ。

モアレ、干渉縞

用　語	英語表記	よ　み	
（や）			
誘電体	dielectric material	ゆうでんたい	
誘電体分離	dielectric isolation	ゆうでんたいぶんり	
（ら）			
リフトオフ	lift-off procedures、 lift-off technique	りふとおふ	
リフローソルダリング	reflow soldering	りっふろーそるだりんぐ	
レクチファイヤー	rectifier	れくちふぁいやー	
レシプロエンジン	reciprocating engine	れしぷろえんじん	
ロータリーエンジン	rotary engine	ろーたりーえんじん	
▶▶▶ 英語（A）			
ABS	Antilock Brake System		
ACF	Anisotropic Conductive Film	えーしーえふ	
ACP	Anisotropic Conductive Paste	えーしーぴー	
ADAS	Advanced Driving Assistant System	えーだす	
ADC	Analog Digital Convertor		
AEC	Automotive Electronic Council		
AFS	Adaptive Front lighting System		

大きな電気絶縁性を持った物質。プリント配線板で導体層間を絶縁する目的で用いられる材料を総称する。絶縁樹脂、絶縁層、プリプレグを意味する。

素子分離のうち、誘電体を利用するもの。素子分離方法には pn 接合分離、トランジスタ分離、誘電体分離がある。pn 接合分離は異種型半導体層をはさむことにより互いに分離するもので、バイポーラーデバイスに多用されている。また、トランジスタ分離はトランジスタにより同種型半導体層を分離するもので、静電シールド効果を利用して酸化膜界面での反転を防止するものである。誘電体分離は、LOCOS 分離に代表されるシリコン酸化膜やポリシリコンなどの誘電体を使用して分離するもので、特にシリコン酸化膜を使うものを酸化膜分離という。

半導体集積回路素子の製造において金属膜の配線を形成する際に、まず、被加工基板上にレジストを用いてパターン形成を行い、次に基板上の一面に金属膜を蒸着させる。そして、レジストパターンをレジスト剥離液（はくり）により除去すると同時に、レジストパターン上に形成された金属膜も剥離除去することにより、レジストパターンのスペース部の基板上に金属膜のパターンを得るという方法である。

あらかじめ接続箇所に定量のクリームはんだを供給しておき、これに部品を装着し、外部から加熱し、再溶融させはんだ付けする方法。

レクチファイヤーとは、整流器のことをいう。自動車用として、オルタネーター内の整流ダイオードそれを構成している放熱板のことをいう。

レシプロエンジンは、ピストンがシリンダ内を往復する往復機関（ピストン機構）による内燃機関。

ロータリーエンジンは、ローター、ハウジングなどの構成部品が軸心の周りに円運動を行う回転動機構による間欠燃焼の容積式内燃機関。

急ブレーキあるいは低摩擦路でのブレーキ操作において、車輪のロックによる滑走発生を低減する装置。

異方性の導電フィルム。

異方性の導電ペースト。

先進運転支援システム。事故などの可能性を事前に検知し回避するシステム。

アナログ-デジタル変換回路。アナログ信号をデジタル信号に変換することをアナログ-デジタル変換あるいは符号化といい、これを行う装置を ADC（A-D 変換器）という。

米 GM（General Motors：ゼネラル・モーターズ）、Chrysler（クライスラー）、Ford Motor（フォード）などの大手自動車メーカーと米国の手電子部品メーカーが集まってつくられた車載用電子部品の信頼性および認定基準の規格化のための団体。

ステアリング舵角に連動して、ヘッドライトが進行方向を照らし、カーブや交差点での明るい視界を確保するためのシステム。

用　語	英語表記	よ　み	
AGV	Automated Guided Vehicle	えーじーぶい	
AI	Artificial Intelligence		
AOI	Automatic Optical Inspection		
AP	Application Processor		
AQL	Acceptable Quality Level		
APU	Acceleration Processing Unit		
AR	Augmented Reality		
ARM	ARM		
ASIC	Application Specific Integration Circuit	えーしっく	
(B)			
BCB	Benzocyclobutene		
BEOL	Back End of Line		
BEV	Battery Electric Vehicle		
BGA	Ball Grid Array		
BiCMOS	Bipolar Complementary Metal Oxide Semiconductor	ばいしーもす	
BHT	Bar code Handy Terminal		

無人搬送車。無人搬送車には複数の誘導方式があり、床に埋め込まれた電線からの微弱な誘導電流や、描かれた線を利用する機種がある。それぞれの誘導方式には一長一短があり、用途に応じて適用される。磁気誘導方式は、磁性体の金具やテープを床面に貼り、磁気センサーで読み取って誘導する。鋼板のような磁性体の床面では使用できない。

人工的にコンピューター上などで人間と同様の知能を実現させようという試み、あるいはそのための一連の基礎技術。

自動外観検査

アプリケーションプロセッサー

抜取検査で合格してよい平均工程不良率の上限の値をいう。AQL より良い品質の検査ロットは抜取検査で高い確率で合格する。AQL から定めたものに MIL-STD-105、JIS Z 9015 の計数調整型抜取検査などがある。この抜取検査方式は、過去のロットの検査実績など品質水準の程度に応じて、以下の 3 つの検査の厳しさに調整する。
ナミ検査：品質水準が AQL 付近にあると考えられるとき。
キツイ検査：品質水準が AQL 確かに悪いとき。
ユルイ検査：品質水準が AQL 確かに良く、かつ今後も引き続き AQL よりも良い品質が続くと考えられるとき。

米 AMD（アドバンスト・マイクロ・デバイス）の半導体製品の種類の 1 つで、CPU と GPU の機能を 1 つのチップに集積した統合プロセッサー。

拡張現実感。実世界の映像に仮想的な映像を重ね合わせる技術から出発し、一般に、実世界の情報を拡張して利用者に提供する技術。

英 Arm（アーム）により開発されている、組み込み機器や低電力アプリケーション向けに広く用いられる 32 ビット RISC CPU のアーキテクチャー。

電子部品の種別の 1 つで、特定の用途向けに複数機能の回路を 1 つにまとめた集積回路の総称。

ベンゾシクロブテン（プリント配線板材料の 1 つ）。伝送損失は 0.3dB/cm から 0.5dB/cm 程度。

シリコンウエーハ加工工程の後工程に当たる金属配線、絶縁膜形成工程。

2 次電池などを利用したバッテリー式電動輸送機。

パッケージの裏面もしくは表面に外部端子として格子状にバンプを配置した表面実装パッケージのこと。プリント配線板を用いたパッケージを、プラスチックボールグリッドアレイ（P-BGA：Plastic Ball Grid Array）と呼びセラミック基板を用いた BGA をセラミックボールグリッドアレイ（C-BGA：Ceramic Ball Grid Array）と呼んでいる。

バイポーラートランジスタの高電流駆動能力と CMOS 回路の低消費電力、高集積度というそれぞれの利点を生かし、通常、CMOS 回路の出力部にバイポーラートランジスタを付加した回路。出力容量が大きい場合であっても高速に動作し、遅延時間の負荷容量依存性を小さくできる。

1 次元あるいは 2 次元、またはその両方のバーコードを読み取り外部との通信を行い、情報収集が 1 台で行える情報収集端末。

用　語	英語表記	よ　み	
BOM	Bill of Materials	ぼむ	
BOX	Buried Oxide Layers		
BPSG膜	Boro-Phospho Silicate Glass film		
BSG	Back Side Grinding		
BT	Bismaleimide-Triazine Resin		
(C)			
C2	Chip Connection	しーつー	
C4	Controlled Collapse Chip Connection	しーふぉー	
CAD	Computer Aided Design	きゃど	
CAE	Computer Aided Engineering		
CAF	Conductive Anodic Filament	きゃふ	
CAN	Controller Area Network	きゃん	
C-BGA	Ceramic Ball Grid Array		
CCL	Copper Clad Laminate		
CDE	Chemical Dry Etching		
CEM-3	Composite Epoxy Material-3		
CIAJ	Communications and Information network Association of Japan		
CID	Center Information Display		
CIP	Chip In Polymer		

ものづくりで使う材料表。

埋め込み酸化膜。

B（ボロン）とP（リン）の酸化物である B_2O_3 と P_2O_5（P_2O_3）を添加した SiO_2 膜である。BPSG膜はPSG膜が有する可動イオンに対するゲッタリング効果と、BSG膜と同様に低いガラス転移温度を有する膜である。

ウエーハを薄化する裏面研削工法。

ビスマレイミドとトリアジン樹脂が混合されたプリント配線板の基板材料の樹脂の1つ。

日本IBMが開発した、ワイヤボンディング用に設計されたチップを金バンプではなくはんだバンプで実装する工法。

IBMが開発した高融点はんだを使用したフリップチップ技術。

コンピューター支援設計

コンピューター技術を活用して製品の設計、製造や工程設計の事前検討の支援を行うこと。

ガラス繊維布基板などで、基板の内部の繊維と含浸樹脂との隙間に、電極に含まれる金属が次々と入り込んで析出していく現象。

ドイツBosch（ボッシュ）が提唱する車載用のネットワーク仕様。

セラミック基板を使用したBGA。

銅張り積層板。一般的にはプリント配線板に使用される基材のこと。複数の半硬化の塗工布を重ね合わせて、銅箔とともに加圧・加熱して積層接着して硬化させたもの。

イオンのような荷電粒子を主体とした反応性イオンエッチングと対照的にラジカルのような中性反応粒子を主体とし、化学反応のみを利用したプラズマエッチングのことで、ダウンフローエッチングと同じ意味で使われる。

紙基材エポキシ樹脂銅張積層板

一般社団法人情報通信ネットワーク産業協会

自動車の運転席前面に配置される情報ディスプレー。

ドイツFraunhofer（フランホーファー）IZMの開発した部品内蔵基板技術の名称。

用　語	英語表記	よ　み	
CIS	CMOS Image Sensor		
CISPR	Comite International Special des Perturbations Radioelectriques	しすぷる	
CL	Clad Laminate		
CMF	Common Mode Filter		
CMOS	Complementary Metal Oxide Semiconductor	しーもす	
CMP	Chemical Mechanical Polishing		
CNT	Carbon Nano Tube		
COB	Chip On Bard		
COC	Chip On Chip		
COF	Chip On Film		
COG	Chip On Glass		
COTS	Commercial Off The Shelf		
CPH	Chip Per Hour		
CPU	Central Processing Unit		
CRT	Cathode Ray Tube		
CSP	Chip Scale Package / Chip Size Package		
CT	Computer Tomography		
CTE	Coefficient of Thermal Expansion		
CUF	Capillary Under Fill		

CMOS を用いたイメージセンサー。

無線障害の原因となる各種機器からの不要電波（妨害波）に関し、その許容値と測定法を国際的に合意することによって国際貿易を促進することを目的として 1934（昭和 9）年に設立された IEC（国際電気標準会議）の特別委員会。

クラッドラミネート

コモンモードフィルター

相補型 MOS ともいう。nMOS FET（トランジスタ）と pMOS FET の両方を対にして相補型回路を構成した MOS デバイス。

化学的（ケミカル）に研磨表面を溶かす・変質させるなどして、砥粒による機械的（メカニカル）な研磨を助けることで相乗的に研磨の速度や質を向上させる方法。

カーボンナノチューブ

半導体チップを半導体パッケージにアセンブリーすることなく、電子機器のマザー基板本体やモジュール基板のようなドーター基板に直接搭載する実装形態のこと。

チップの回路面を向かい合わせにして、回路面同士をバンプで接続した構造。

半導体がフィルム基板上に実装されている。大型液晶 TV などに使用されている。

半導体がガラス基板上に実装されている。PC 用の液晶モニターなどに使用されている。

軍事や宇宙開発で民生品を利用すること。

部品実装機において 1 時間当たりの実装装着部品点数。

中央演算処理装置。コンピューターの中で、各装置の制御やデータの計算・加工を行う中枢部分。

ブラウン管

チップサイズと同等かあるいはわずかに大きいパッケージの総称である。パッケージの形態としては、既存のパッケージの派生として分類される。例えば、BGA タイプ、LGA タイプ、SON タイプ、QFN タイプなどがある。

コンピューター断層撮影

熱膨張率。材料の単位温度当たりの長さの変化。単位は［1/K］である。

フリップチップ接続後にチップとサブストレートの間に樹脂を注入して封止すること。

用 語	英語表記	よ み	
Cu ピラー	copper pillar	かっぱーぴらー	
CVD	Chemical Vapor Deposition		
CZ 法	Czochralski method	しーぜっとほう	
C 言語	C language	しーげんご	
(D)			
DAC	Digital Analog Convertor	だっく	
DAF	Die Attach Film	だふ	
DBG	Dicing Before Grinding		
DCR	Direct Current Resistance		
DDR	Double–Data–Rate		
DDR–4	Double–Data–Rate–4 Synchronous Dynamic Random Access Memory		
DIN	Deutsches Institut für Normung	でぃん	
DMIPS	DHrystone Million Instructions Per Second		
DRAM	Dynamic Random Access Memory	でぃーらむ	
DRIE	Deep Reactive Ion Etching		
DSP	Digital Signal Processor		
(E)			
EAT	Electronic Automatic Transmission		
EC	European Commission		

「銅ピラー」、「カッパーピラー」と呼ばれ、半導体チップと回路基板（パッケージ基板）あるいはインターポーザーをフリップチップ（FC）技術により接続する端子で、従来のバンプの代わりに棒状の銅柱を使用する手法で、特に150μm未満の狭ピッチに役立つ。Cuピラーは、チップの高集積化による端子数の増大、狭パッドピッチに対応可能。

ICなどの製造工程で、基板上にシリコンなどの薄膜を作る工業的手法。シリコン酸化膜、シリコン窒化膜、アモルファスシリコン薄膜などの製造に用いられる。その過程で化学反応を用いるので、このように呼ばれる。

チョクラルスキー法あるいは引き上げ法ともいわれる単結晶製造法。るつぼ内の溶融した原料の中に種結晶を浸し、それを回転させつつゆっくり引き上げることで単結晶を育成する単結晶製造法。

プログラミング言語の1つ。アセンブリ言語の代わりとして使えるようにビットごとに演算機能やメモリー管理機能を有し、一方、高級言語と同様の制御構造やデータ構造を有する。

デジタル／アナログ変換機

半導体チップをサブストレートに接着するフィルム。

ダイシング時のチップ破損を防ぐ目的でウエーハバックグラインドの前にダイシングを行う工法。

直流抵抗

コンピューター内の回路や装置間の通信の高速化などに用いられる送受信制御方式の1つで、クロック同期信号の立ち上がり時と立ち下がり時の両方を利用して信号を伝送する方式。

パソコンなどに使われる半導体メモリー（DRAM）の規格の1つで、DDR3 SDRAMを改良した第4世代のDDR SDRAM規格。主にパソコンやサーバーのメインメモリーとして利用される。

ドイツ工業規格

プロセッサーの性能を示す指標の1つ。

半導体記憶素子の1つ。現在パソコンなどで最も使用されているデータの読み出しと書き込みができる半導体メモリー（RAM）。

反応性イオンエッチング（RIE）の1つで、アスペクト比の高い（狭く深い）反応性イオンエッチングをいう。アスペクト比が高いことから高アスペクト比エッチングともいわれる。

デジタル信号プロセッサー。音声や画像の処理に特化したマイクロプロセッサー。

アナログ制御から始まりEFIより先に実用化された、トランスミッションの自動変速制御装置。デジタル制御化もEFIに先行した。1978（昭和53）年まで生産された。

欧州委員会

用　語	英語表記	よ　み	
ECO	Ecology	えこ	
ECD	Electronic Controled Diesel engine		
ECT	Electronic Controlled Transmission		
ECU	Electronic Control Unit		
ECU	Engine Control Unit		
EDLC	Electric Double Layer Capacitance		
EDU	Electronic Control Driver		
EEPROM	Erasable Programmable Read Only Memory	いーすくえあぴーろむ	
EIA	Electronic Industries Alliance		
EIAJ	Eletronic Industries Association of Japan		
ELV 指令	End-of Life Vehicles Directive		
EM	Electro Migration		
EMC	Electro-Magnetic Compatibility		
EMI	Electro Magnetic Interference/Electro Magnetic Immunity		
EMS	Electro Magnetic Susceptibility		
EMS	Electronics Manufacturing Services		
ENEPIG	Electroless Nickel Electroless Palladium Immersion Gold		
ENIG	Electroless Nickel Immersion Gold		

生態学。転じて人間生活と自然との調和。

ディーゼルエンジンの燃料噴射制御を行う装置。

マイコン制御式 4 速オートマチックトランスミッション制御装置。トヨタ自動車用語。TCU（Transmission Control Unit）。

自動車向けの電子制御ユニット。

エンジン運転の電気的制御を総合的に行うためのマイクロコントローラー。

電気 2 重層コンデンサー

燃料噴射操置（インジェクター）を駆動するための専用のパワーデバイスと制御回路を含む駆動装置。

データの消去と書き換えが可能な ROM（EPROM）の一種で、データを電気的に消去するもの。部分的なデータの書き換えはできないため、全消去の後、新たに書き込む必要がある。また、書き込みの回数に制限がある。

米国電子工業会

社団法人日本電子機械工業会。1948（昭和 23）年に設立された民生用電子機器、産業用電子機器および電子部品・デバイスメーカーの業界団体。標準化事業の推進に関しては、IEC における国際標準化と JIS 規格の作成に協力し、また団体規格として EIAJ 規格を制定している。2000（平成 2）年 11 月に社団法人日本電子機械工業会（EIAJ）と統合され、一般社団法人電子情報技術産業協会（JEITA）となった。

EU での使用済み自動車が環境に与える負荷を低減するための指令。

エレクトロマイグレーション

電磁環境適合性

電磁妨害雑音。導体に入り込む望ましくない放射電磁エネルギー。電磁干渉：電磁放射による不要のノイズともいう。

電磁感受性

電子機器製造請負業メーカー

基板上の Cu パッドの上に無電解ニッケルめっき、無電解パラジウムめっきおよび置換金めっきをする方法。

板上の Cu パッドの上に無電解ニッケルめっきおよび置換金めっきをする方法。

用　語	英語表記	よ　み	
EPS	Electric Power Steering		
ERS	Economy Running System		
ESA	Electronic Spark Advance		
ESC	Electronic Skid Control		
ESC	Electronic Stability Control		
ESD	Electrostatic Discharge		
ESL	Equivalent Series Inductance		
ESR	Equivalent Series Resistance		
ETC	Electronic Toll Collection System		
EU	The European Union		
EV	Electric Vehicle		
eWLB	embedded Wafer Level Ball Grid Array		
(F)			
FBGA	Fine-pitch Ball Grid Array		
FC	Flip Chip		
FCB	Flip Chip Bonding		
FC-BGA	Flip Chip-Ball Grid Array		
FC-CSP	Flip Chip-Chip Scale Package		
FC-LGA	Flip Chip-Land Grid Array		
FC-PGA	Flip Chip-Pin Grid Array		

ステアリングのアシストに電気モーターを利用する技術。

現在のアイドリングストップの機能を実現した装置。時代を先取りしすぎていたためあまり普及せず。

電子進角装置。電子的に点火時期の制御を行うシステムである。

Antilock Brake System。雪路などの滑りやすい路面で急ブレーキをかけても、車輪がロックしないようにする装置である。現在は、ESC（Electronic Stability Control）にシステムが進化している。

横滑り防止装置、過去にも ESC と呼ばれる製品が開発されていたが、それは現在の ABS に相当する機能のものである。

静電気放電。ある 2 つの物質同士がこすれあうなどの摩擦により静電気が発生し、帯電した物体とアース間で静電気が放電すること。デバイス破壊の原因の 1 つであるため、半導体を扱う場合には注意を要する。

等価直列インダクタンス、実際のコンデンサーでは、容量成分 C 以外に電極やリード線などによる寄生インダクタンスが存在する。これを等価直列インダクタンスという。

等価直列抵、実際のコンデンサーでは、容量成分 C 以外に誘電体や電極などの損失による抵抗分が存在する。それを等価直列抵抗という。

電子料金収受システム。有料道路を利用する際に料金所で停止することなく通過できるノンストップ自動料金収受システム。

欧州連合

電気自動車

標準ウエーハ・レベル・パッケージを進化させたもので、より高度な集積度合とより多くの外部接続が要求される半導体デバイスに対する解決策として開発された技術。

端子直線間隔が 0.80mm 以下で外部端子が 0.1mm を超える金属ボールのパッケージ。

チップの回路面にバンプを設けて電極とし、サブストレートとそのバンプを介して接続する形態。⇒フリップチップ

バンプ付きチップのデバイス面を下にしてチップを接続する技術。⇒フリップチップボンディング

フリップチップ構造を用いた BGA。

チップスケールパッケージ／チップサイズパッケージで、ベアチップをフリップ実装するもの。

フリップチップを搭載した LGA。

フリップチップを搭載した PGA。

用　語	英語表記	よ　み	
FD-SOI	Fully Depleted-SIlicon On Insulator		
FET	Field Effect Transistor		
FFC	Flexible Flat Cable		
FlexRay	FlexRay		
FLGA	Fine pitch Land Grid Array		
FO-WLP	Fan-Out Wafer Level Package		
FPC	Flexible Printed Circuit		
FPC	Fuel Pump Controler		
FPGA	Field Programmable Gate Array		
FR-4	Flame Retardant Type4	えふあーるふぉー	
FR-5	Flame Retardant Type5	えふあーるふぁいぶ	
FZ 結晶	Float Zoning crystal	えふぜっとけっしょう	
(G)			
GB	Graft Base		
GGI	Gold to Gold Interconnection		
GPGPU	General Purpose Graphic Processing Unit		
GPS	Global Positioning System		
GPU	Graphic Processing Unit		
GUI	Graphical User Interface		

完全空乏型 SOI

電界効果トランジスタ

フレキシブルフラット電線

高速アプリケーションをつなぐバスシステム仕様。ドイツ BMW と Daimler（ダイムラー）が半導体メーカーと協力し仕様策定が進められている。

端子直線間隔が 0.80mm 以下でかつ外部端子が 0.10mm 以下の高さの金属バンプ、または金属ランドのパッケージ。

チップを支持体に再配置後、ウエーハプロセスによってチップサイズより大きな領域まで再配線層を形成したパッケージ。入出力端子数が多い場合に使用される。

フレキシブルプリント配線板。フィルム状のプリント配線板。

燃料ポンプからインジェクターへの燃料圧送の燃料圧力などを制御して、車両の燃費向上に貢献する装置。

製造後にユーザーの手元で内部論理回路を定義・変更できる集積回路。

プリント配線板を構成する絶縁基板の 1 つで、ガラス繊維布に難燃性エポキシ樹脂を含浸させた絶縁基材と銅箔で形成されたプリント配線板用の銅張積層板。ANSI/NEMA 規格で表示したもので、JIS 表示では GE4F に相当する。

プリント配線板を構成する絶縁基板の 1 つで、ガラス繊維布に難燃性エポキシ樹脂を含浸させた絶縁基材と銅箔で形成されたプリント配線板用の銅張積層板。FR-4 より高耐熱となっている。

フローティングゾーン法（浮遊帯域溶融法）によって作成された結晶を指す。FZ 結晶は CZ 結晶（引き上げ法）と違って炉壁からの不純物汚染がなく、また揮発性不純物も減圧の下で除去されている。

熱拡散工程で作ったトランジスタ。熱工程を重ね特性が安定しなかったため、その後 IIB に置き換わった。

IC の電極に形成された金バンプを基板の金電極に接触させ、熱、荷重、超音波の接合エネルギーを IC に与えて接合させる工法。

高速で画像処理演算を行う装置（GPU）を、画像処理以外の目的で利用する技術。

全地球測位システム

パーソナルコンピューターやワークステーションなどの画像処理を担当する半導体デバイス。

Graphical User Interface の略。画面上のアイコンなどのコンピューターグラフィックを、ポインティングデバイスなどで操作するグラフィカル（ビジュアル）であることを特徴とするユーザーインターフェース。

用　語	英語表記	よ　み	
(H)			
HAST	Highly-Accelerated Temperature and Humidity Stress Test		
HEV	Hybrid Electric Vehicle		
HMI	Human Machine Interface		
(I)			
IC	Integrated Circuit		
ICE	In Circuit Emulator		
ICT	Information and Communication Technology		
IDM	Integrated Device Manufacturing		
IEC	International Electro-technical Commission		
IEEE	The Institute of Electrical and Electronic Engineers		
IIA	Integrated Ignition Assembly	あいあいえー	
IIB	Ion Impanted Base	あいあいびー	
IGBT	Insulated Gate Bipolar Transistor		
IMC	Intermetallic Compound		
IMEC	Interuniversity Microelectronics Centre		
iNEMI	International Electronics Manufacturing Initiative		
IoT	Internet of Things		

高温高湿状態の高加速度ストレス試験。

内燃機関と電動機を動力源として備えたハイブリッド電気自動車。

Human Machine Interface の略。人と機械のインターフェースの総称。

集積回路

マイクロコンピューター応用装置または機器の開発・製作時には、そのターゲットの機能や信頼性の不具合チェック、不具合の手直しや一部システムプログラムの変更などの段取り替えなしでやるのが望ましい。こうした場合ターゲット CPU のところに ICE をつなぐことにより、ターゲットの情報を全てオンラインでキャッチでき、不具合も見つけ、それを修正することも即座に行える。このように ICE はあたかもターゲットのような働きをしその情報を開発システムに渡すことができるため開発および製作リードタイムを大幅に短縮する。

情報通信技術

垂直統合型デバイスメーカー。半導体産業において、自社で全工程（設計・製造・組み立て・検査・販売）を一貫して行える設備を有しているメーカー。

国際電気標準会議。電気工学、電子工学、および関連した技術を扱う国際的な標準化団体。

米国電気電子学会。

集積型点火装置。ディストリビューター、イグニッションコイル、イグナイターおよび高圧コードを一体化した点火装置をいう。

イオン注入で形成したバイポーラートランジスタ。GB に比べて素子特性を大幅に向上できた結果、多くのアナログ IC の開発につながった。

絶縁ゲートバイポーラートランジスタ。半導体素子の 1 つで MOSFET をゲート部に組み込んだバイポーラートランジスタである。電力制御の用途で使用される。

金属間化合物

ベルギーのルーヴェン市に本部を置く国際研究機関。1982（昭和 57）年創設。リソグラフィー技術や太陽電池技術、有機エレクトロニクス技術など次世代エレクトロニクス技術の開発に取り組んでいる。

米国電子機器製造者協会。電子機器メーカー、はんだメーカーなどのサプライヤー、政府機関、大学などから構成されている団体。2005（平成 17）年 1 月より iNEMI（International Electronics Manufacturing Initiative）に改名した。

もののインターネット。

用 語	英語表記	よ み	
IP69K			
IPC	Institute for Printed Circuits		
IPD	Intelligent Power Device		
IPD	Integrated Passive Device		
IR	Insulation Resistance		
ISFET	Ion Sensitive Field Effect Transistor		
ISG	Intelligent Starter Generator		
ISO	International Organization for Standardization	いそ	
ISS	Idling Start & Stop		
ITO	Indium Tin Oxide		
ITRI	Industrial Technology Research Institute	いとり	
ITRS	International Technology Roadmap for Semiconductors		
ITS	Intelligent Transport Systems		
IVH	Interstitial Via Hole		
(J)			
JEDEC	Joint Electronic Device Engineering Council	じぇでっく	
JEIDA	Japan Electronic Industry Development Association		

ドイツ規格 DIN40050 PART9 で定められた高温・高圧水・スチームジェット洗浄に対する保護規定。

米国電子回路工業会。名称については、1957（昭和 32）年に the Institute for Printed Circuits として設立後、the Institute for Interconnecting and Packaging Electronic Circuits（相互接続・パッケージ電子回路協会）に名称変更してきた経緯がある。1999（平成 11）年、正式に IPC という新名称に変更した。

電力負荷を駆動鶴出力素子と、信号処理機能、センシング機能などを実行する周辺回路を集積したデバイス。周辺回路は CMOS または BiCMOS 回路、出力素子はパワーMOSFET など、MOS 型素子で構成されることが多く、バイポーラー素子を用いたリニアパワーIC（またはアナログパワーIC）と特徴を異にしている。

シリコン、アルミナ、ガラス、メタルなどの材料と半導体プロセスを使って作製、集積化された受動素子（キャパシター、抵抗、インダクター）。

絶縁抵抗

イオン感応性電界効果トランジスタ

通常の始動はスターターが行い、アイドルストップや EV 走行からのエンジン始動は、ISG が行う。

国際標準化機構。電気分野を除く工業分野の国際的な標準である国際規格を策定するための民間の非政府組織。

自動車やオートバイが無用なアイドリングを行わないよう制御するシステム。

酸化インジウムにスズを添加した化合物、透明電極として代表的な材料。

台湾の財団法人工業技術研究院。

国際半導体技術ロードマップ

高度道路交通システム。情報技術を用いて人と車両と道路を結び、交通事故や渋滞などの道路交通問題の解決をはかる新交通システム。

インタースティシャルビアホール。プリント配線板に設けた経由穴で表面から裏面まで貫通しない経由穴の総称。非貫通経由穴。⇒非貫通穴

半導体技術の標準化を行うための米国 Electronic Industries Alliance（EIA）の機関で電子技術業界のあらゆる領域を代表する事業者団体。

社団法人日本電子工業振興協会（電子協）。電子工業に関する技術の向上、生産の合理化、利用の高度化ならびに普及の促進などによって電子工業の振興を図り、情報化の推進に貢献することを目的として 1958（昭和 33）年に設立された。2000（平成 2）年 11 月に社団法人日本電子機械工業会（EIAJ）と統合され、一般社団法人電子情報技術産業協会（JEITA）となった。

用　語	英語表記	よ　み
JEITA	Japan Electronics and Information Technology Industries Association	じぇいた
JIEP	Japan Institute of Electronics Packaging	
JIC	Jisso International Council	
Jisso		じっそー
JIS	Japanese Industrial Standards	じす
JJTRC	Japan Jisso Technology Roadmap Council	
JPCA	Japan electronics Packaging and Circuits Association	
JWES	The Japan Welding Engineering Society	
JWS	Japan Welding Society	
(K)		
KGD	Known Good Die	
(L)		
LCD	Liquid Crystal Display	
LCP	Liquid Crystal Polymer	
LCR		
LDI	Laser Direct Imaging	
LED	Light Emitting Diode	
Leti	Laboratoire d'électronique des technologies de l'information [仏]	れてぃ

一般社団法人電子情報技術産業協会。2000（平成2）年11月に社団法人日本電子機械工業会（EIAJ）と統合され、一般社団法人 電子情報技術産業協会（JEITA）となった。

一般社団法人エレクトロニクス実装学会

日米欧三極の半導体・実装技術関連工業会が新しい技術および国際電子実装技術標準化活動への提案に関する情報交換と意見調整をする国際会議として2000（平成12）年に第1回会議（毎年1回開催）。

半導体、電子部品、半導体パッケージ、プリント配線板、設計などの個々の技術を有機的に結び付け最適化するシステム設計統合技術として、2000（平成12）年の第1回JIC会議で提唱された。語源は日本語の「実装」。

日本産業規格。工業標準化法に基づき、日本工業標準調査会の答申を受けて主務大臣が制定する工業標準であり、日本の国家標準の1つである。

JEITA Jisso技術ロードマップ専門委員会の実装技術ロードマップグループ。

一般社団法人日本電子回路工業会。旧称は、社団法人日本プリント回路工業会（Japan Printed Circuit Association）。

一般社団法人溶接協会

一般社団法人溶接学会

COB、MCM、フリップチップボンディングなど、半導体チップをベアチップ状態で実装する形態のものに使用する半導体チップにおいて、良品であることを保証されたもののことをいう。良品が保証されていることの定義は、スクリーニングされていることである。

液晶ディスプレー

液晶ポリマー、溶融時に液晶状態になる熱可塑性樹脂を指す。広義には、溶媒に溶けたときに液晶状態になるアラミドなども含まれる。前者をサーモトロピックLCP、後者をライオトロピックLCPと呼ぶ。

L：インダクタンス（Inductance）、C：キャパシタンス（Capacitance）、R：レジスタンス（Resistance）の総称。インダクタンス（誘導係数、誘導子）の記号Lは、ハインリッヒ・レンツ（Heinrich Lenz）の頭文字が起源といわれている。

光学手法による基板への回路描画に当たり、フォトマスクを介さず、集光したレーザー光源により高精細・高精度なパターンを直接基板に高速露光するデジタル露光システム。

発光ダイオード

フランスのグルノーブルに本部を置くフランスのCEA（フランス原子力・代替エネルギー庁）の付属機関である電子情報技術の研究所で、マイクロエレクトロニクスとナノテクノロジーの応用研究を実施する世界有数の規模を持つ研究所。
the Electronics and Information Technologies Laboratory［英］

用 語	英語表記	よ み	
LIN	Local Interconnect Network	りん	
LGA	Land Grid Array		
LOCOS	Local Oxidation of Silicon	ろこす	
LSI	Large Scale Integration/ Large Scale Integrated Circuit		
LTPS	Low Temperature Poly-Silicon		
(M)			
MAP	Microelectronics Assembling and Packaging		
MCeP	Molded Core embedded Package		
MCM	Multi Chip Module		
MCP	Multi Chip Package		
MCU	Micro Control Unit		
MEMS	Micro Electro Mechanical Systems	めむす	
MID	Molded Interconnect Device	みっど	
MIL	Military Specifications and Standards	えむあいえる、みる	
MIPS	Mega Instructions Per Second/Million Instructions Per Second	みぷす	
MLCC	Multi-Layer Ceramic Capacitor		
MO-CVD	Metal Organic Chemical Vapor Deposition		
More Moore	More Moore		

車載 LAN の通信プロトコルの一種。

BGA と同様にパッケージの底辺部に格子状に外部端子があるが、ボールがなくパッドのみの構造になっている。

個々の素子間の電気的な干渉をなくす素子分離技術における誘電体分離の 1 つの手法であり、MOS FET の分離技術として広く用いられる。

大規模集積回路

多結晶の低温ポリシリコン。

1998（平成 10）年に設立されたデバイス実装研究会が「半導体実装国際ワークショップ（MAP）」と改称され、北九州の半導体・実装技術関連企業中心に新しい実装技術の研究開発・情報収集、アジアビジネスのためのポータルサイトとして活用されるようになった。運営の事務局は福岡県産業・科学技術振興財団（ふくおか IST）が担当している。

能動・受動部品を内蔵したパッケージ構造の基板。

複数のチップが混載されたモジュール、複数のベアチップをプリント基板上に搭載し、1 つのまとまった機能を持たせ、パッケージに収容したもの。

複数のチップが混載されたパッケージ。

特定の機能を実現するために家電製品や機械などに組み込まれるコンピューター。

半導体様の工程で作られた微小な機械部品。

射出成形品に電気回路、電極、パターンが形成された回路成形部品。スマートフォンの内蔵アンテナを形成するのに多く利用されている。

米国軍の装備、システムに関する規格。米国軍用規格。

コンピューターにおいて 1 秒間に実行可能な命令語数を表す単位。1MIPS は 1 秒間に 100 万回の命令語を実行することが可能であることを表す。

積層セラミックコンデンサー

有機金属気相成長法

トランジスタのスケーリング則を踏襲した範ちゅうで高密度化することで、主にチップレベルのスケーリング。単純な微細化が困難となってきている近年では、材料や構造の見直しによってスケーリングしたものと同等の性能を実現するアプローチ（等価的スケーリング）も取り込まれてきている。

用 語	英語表記	よ み	
More than Moor	More than Moor		
MOSFET	Metal–Oxide–Semiconductor Field–Effect Transistor		
MOST	Media Oriented Systems Transport	もすと	
MPU	Microprocessor Unit		
MRE	Magnetic Resistance Element		
MSAP	Modified Semi Additive Process		
MUF	Molded Under Fill		
(N)			
NBD	Non Break Debug		
NCF	Non–Conductive Film		
NCP	Non–Conductive Past		
NIST	National Institute of Standards and Technology		
NTI	Non TSV Interconnection		
NTRS	National Technology Roadmap for Semiconductors		
(O)			
OBD	On–Board Diagnosis	おーびーでー	
OMPAC	Over Molded Package		
OPM	Over Pad Metallization		
OS	Operating System		

ムーアの法則とは別の成長基軸として、半導体技術を用いて多様な機能をデバイスに盛り込むこと。非デジタル系のアナログ・RF デバイス、MEMS デバイス、化合物半導体、および受動部品などが集積される。これらのデバイスは、CMOS プロセスとは親和性が低いため、パッケージレベルでの集積が重要な技術となる。

MOS 構造の電界効果トランジスタ。

自動車などの輸送機械で、マルチメディア装置間を接続するために策定されたコンピューターネットワーク規格。

中央処理装置

磁気抵抗素子。磁界の方向により抵抗値が変化する特性（磁気異方性効果）を持つ素子である。MRE の磁界の方向と抵抗変化率は、MRE に平行磁界のときは最大に、また直交する磁界の時には最小となる。

極薄銅箔をめっきシード層として使用する SAP 工法。無電解めっきをシード層とする一般的な SAP と比較して Cu 配線の密着強度が向上する。

モールド方式で FC–CSP など FC パッケージを製造する際に使用するモールド材。

CPU が実行している状態で CPU の内部資源に対しアクセスできる機能。

先塗布方式のフィルムタイプの封止材。

先塗布方式のペーストタイプの封止材。

米国国立標準技術研究所。

TSV を使わないで接続する工法。TSV 無インターポーザーSiP、2.1D 微細配線付き SiP、Si チップ内蔵 SiP のパッケージに用いられている。

米国半導体技術ロードマップ。

自己診断装置の一種でシステムの以上を監視する車載の故障診断装置。

米 MoTorola Mobility（モトローラ・モビリティ）の P–BGA の呼称。

パッド上に金属膜を成膜したもの。Al 上に Au を最上層とする積層膜を形成したものが多い。

コンピューターにおいて、ハードウエアを抽象化したインターフェースをアプリケーションソフトウエアに提供するソフトウエア。

用　語	英語表記	よ　み	
OSATS	Out Source Assembly and Test Service		
OSP	Organic Solder Preservatives		
(P)			
PA	Polyamide		
PBO	Polybenzoxazole		
P–BGA	Plastic Ball Grid Array		
PBT	Polybutylene Terephthalate		
PCB	Printed Circuit Board		
PCM	Phase Change Material		
PCT	Pressure Cooker Test		
PCU	Power Control Unit		
PD	Photo Diode		
PE–CVD	Plasma–Enhanced Chemical Vapor Deposition		
PEDOT	Polyethylene Dioxythiophene		
PEEK	Polyetheretherketon		
PEN	Polyethylenenaphthalate		
PES	Polyethersulfone		
PET	Polyethyleneterephthalate		
PFC	Power Factor Correction		
PGA	Pin Grid Array		

説　明
水平分業型の半導体ビジネススタイルで半導体のパッケージングプロセスとテストを請け負う企業。
有機はんだ付け性保護膜（酸化保護膜）。水溶性プリフラックス仕上げ。
ポリアミド、アミド結合によって多数のモノマーが結合してできたポリマー。
ポリベンゾオキサゾール
有機樹脂基板を用いた BGA パッケージ。
ポリブチレンテレフタレート、熱可塑性で結晶性のポリエステル系プラスチック。
実装済みのプリント配線板。
ある温度で相変化が起こる特性を持つ有機高分子材料に、金属系または無機系の微粉末を混合した放熱材料。
樹脂封止型デバイスの耐湿性に関する加速試験の一種で、一般的に広く行われており、PCT 試験と呼ばれている。蒸気加圧試験。
ハイブリット車や電気自動車において、モーターを駆動させるためにバッテリーの出力を制御する部品。
フォトダイオード
化学反応を活性化させるため、高周波などを印加することで原料ガスをプラズマ化させた CVD 法。
ポリエチレンジオキシチフェン
ポリエーテルエーテルケトン。理的・化学的に優れた熱可塑性プラスチック。
ポリエチレンナフタレート
ポリエーテルサルフォン。熱可塑性プラスチック。
ポリエチレンテレフタレート
力率改善回路
接合用のリードピンが底面に格子状に形成されている表面実装パッケージ。

用　語	英語表記	よ　み	
PKG	Package		
PHV、PHEV	Plug-in Hybrid Vehicle		
PIC	Photonic IC		
PLC	Power Line Communication		
PLCC	Plastic Leaded Chip Carrier		
PLP	Panel Level Package		
PMMA	Polymethyl Methacrylate		
PoP	Package on Package	ぽっぷ	
PP	Polypropylene		
PPE	Polyphenyleneether		
PPS	Polyphenylenesulfide		
PPy	Poly Pyrrole		
PSG 膜	Phospho Silicate Glass		
PSS	Polystyrene sulfonate		
PTC	Positive Temperature Coefficient		
PTFE	Polytetrafluoroethylene		
PTH	Plated Through Hole		
PTV	Plated Through Via Hole		
PVD	Physical Vapor Deposition		

説　明
パッケージの略称。
コンセントから差し込みプラグを用いて直接バッテリーに充電できるハイブリッドカー。
発光素子や受光素子などの多様なフォトニック機能を統合したデバイス。
電力線通信
プラスチックボディーの IC の一種でリードが J 型に曲がっているためソケット装着も表面実装も可能。
プリント基板工程で半導体パッケージを一括製造する工法。
ポリメタクリル酸メチル樹脂のことで、透明な合成樹脂。
パッケージ上に別のパッケージを積層できるパッケージ。
ポリプロピレン
ポリフェニレンエーテル
ポリフェニレンスルファイド、ベンゼン環と硫黄原子が交互に結合した単純な直鎖状構造を持つ、結晶性の熱可塑性樹脂に属する合成樹脂。
ポリピロール
P（リン）の酸化物である P_2O_5（五酸化リン）を添加した SiO_2 膜である。形成方法によっては P_2O_3（三酸化リン）が混入する。膜中の P の効果は Na などの可動イオンに対するゲッタリング、ガラス軟化温度の低減などがある。LSI 製造プロセスでは Al 配線下の平坦化層間絶縁膜、パッシベーション膜として用いられる。用途によって P 濃度は異なる。
ポリスチレンスルホン酸
係数が正の数の場合、抵抗は増加する温度につれて増加する特性を持つ、サーミスター。
ポリテトラフルオロエチレン。フッ素樹脂（フッ化炭素樹脂）。代表的商品は「テフロン（Teflon）」。
貫通めっき穴。基板の表面から裏面まで貫通して設けられた穴の穴壁にめっきがされているもの。⇒貫通穴
めっきスルービア
物理気相成長、気相中で物質の表面に物理的手法により目的とする物質の薄膜を堆積させる方法。

用　語	英語表記	よ　み	
PWB	Printed Wiring Board		
PWM	Pulse Width Modulation		
(Q)			
QFN	Quad Flat No-Lead Package		
QFP	Quad Flat Package		
(R)			
RAM	Random Access Memory	らむ	
RCA 洗浄	RCA cleaning		
RCT	Reverse Conducting Thyristor		
RDL	Re-Distribution Layer		
RIE	Reactive Ion Etching		
RoHS	Restriction of the use of certain hazardous substances in electrical and electronic equipment		
ROM	Read Only Memory	ろむ	
(S)			
SAE	Society of Automotive Engineers	えすえーいー	
SAP	Semi Additive Plating	さっぷ	
SDBG	Stealth Dicing Before Grinding		
SEM	Scanning Electron Microscope	せむ	
SEMI	Seniconductor Equipment and Materials International	せみ	

プリント配線板。半導体・電子部品などが実装される前の状態のプリント基板を総称する。電子機器メーカーでは、マザーボード、プリント基板、メインボード、サブボード、ドーターボード、ベアボードなどの呼称を用いている。また基材の剛性により、リジッド（硬質）プリント配線板とフレキシブル（軟質）プリント配線板に区別される。ちなみに部品実装後、回路が完成されたプリント配線板を、プリント回路板（PCB；Printed Circuit Board）と呼称する。プリント回路板は実装基板の意味である。

パルス幅変調。パルス変調は情報信号の一定周期ごとの瞬時振幅値を取り出し、得られた離散的な信号の振幅値によりパルス幅を変調するものである。

パッケージ裏面の4辺に実装用のリードを配置した表面実装型パッケージ。

リードがパッケージの4側面から取り出され、かつガルウィング形（L字形）に成形されたパッケージのこと。

コンピューターで使用される半導体記憶素子の一種。電気的に読み書きできる。

1960年代に米RCAのW. Kernが開発した過酸化水素水をベースとした洗浄方法のことをRCA洗浄という。RCAが電子管を洗浄するために用いていた薬液を半導体用に改良したもの。

逆導通サイリスター

再配線層

反応性イオンエッチング

電気電子機器に含まれる特定有害物質使用制限に関するEU指令。

不揮発性の半導体メモリーおよび半導体メモリー以外の読み出し専用媒体。

自動車などの陸上用車両や航空宇宙などの技術者で構成する米国の団体。同様の団体は、日本はJSAE、オーストラリアはSAE-A、中国はSAE-C、インドネシアはSAE-Iである。

セミアディティブめっき工法

DBGプロセスのダイシング時にブレードではなくレーザー改質法を用いる方法。DBGに比較して最小ダイシングライン幅を狭くすることができる。さらに高スループットやチップの側面のソーマークやダメージを大幅に低減することが可能する工法。

走査型電子顕微鏡

半導体装置・材料国際協会の略称。1970（昭和45）年に米国に設立され、半導体デバイスとフラットパネルディスプレーの製造装置および材料関連の業界団体となっている。

用　語	英語表記	よ　み	
SIA	Semiconductor Industry Association		
SiC	Silicon Carbide		
SiP	System in a Package	えすあいぴー	
SIRIJ	Semiconductor Industry Research Institute Japan		
SMD	Surface Mount Device		
SoC	System on a Chip		
SON	Small Outline Non-leaded Package		
SOP	Small Outline Package	そっぷ	
SOP	System on a Package		
STRJ	Semiconductor Technology Roadmap committee of Japan		
System Moore	System Moore		
(T)			
TCR	Temperature Coefficient of Resistance		
TCS	Transmission Controled Spark		
TCS	Traction Control System		
TCU	Transmission Control Unit		
TEM	Transmission Electron Microscope	てむ	
Tg	Glass Transition Temperature		

説　明

米国半導体工業会

炭化ケイ素

1チップでシステムを実現するSoC（System on a Chip）に対して、その代替技術、または相互補完技術として複数のチップを1つのパッケージに搭載してシステムを実現するSiPが新たなコンセプトとして昨今注目されている。ITRS（International Technology Roadmap for Semiconductors）2001年版によればSiPの定義は、「シングルチップパッケージに受動部品を加えたものから、サブシステムとしての機能ブロックを提供するために必要な全ての受動部品を、複数のチップや積層チップと共に1つのパッケージに加えたもの」としている。

半導体産業研究所

表面実装部品

チップ上に複数の回路を集積させてシステムレベルまで高めたもの。

CSP群の中で外部リードがパッケージの2側面および底面に設けられたSmall Outlineタイプのパッケージ。

平たい長方形のパッケージの両方の長辺に、外部入出力用のリードを並べた表面実装用のパッケージ。

1つの半導体パッケージ内に組み込まれた回路ブロックまたは電子システム。米ジョージア工科大学の開発する次世代パッケージの1つ。

JEITA半導体部会技術委員会の半導体技術ロードマップ専門委員会。ITRSの日本対応委員会も兼ねる。

More than Moorを超えてシステムレベルのスケーリング。

温度1K当たりの抵抗値の変化率。

排出ガス制御装置、燃焼改善のために点火時期調整を行う。燃焼温度を低くし排出ガス中の窒素酸化物（NO_x）を低減させる（EFIに内蔵された）。

雪道などの発信加速時、過剰な駆動力によるホイールスピンを抑え車両の方向安定性、駆動力を確保するシステム。

自動車用自動変速機を制御するコントローラー。

透過型電子顕微鏡

⇒ガラス転移点温度

用　語	英語表記	よ　み	
TGV	Through Glass Via		
TH	Through Hole		
TIM	Thermal Interface Material		
TMV	Through Mold Via		
TNT	Trinitrotoluene		
TPMS	Tire Pressure Monitoring System		
TPV	Through Package Via		
TRC	TRaction Control system		
TSOP	Thin Small Outline Package		
TSV	Through Silicon Via		
(U)			
UBM	Under Bump Metallurgy		
UL	Underwriters Laboratories Inc.		
(V)			
VaRTM	Vacuum assisted Resin Transfer Molding		
VH	Via Hole		
VIA	Via/ Via Hole		
VICS	Vehicle Information and Communication System		
VOC	Volatile Organic Compounds		
VVVF	Variable Voltage Variable Frequency		

説　明
ガラス貫通ビア
プリント配線板の貫通孔。
熱伝導コンパウンド
モールド貫通ビア
トリニトロトルエン
タイヤ空気圧監視システム
貫通パッケージビア
トヨタ自動車のトラクションコントロールシステムの商品名。当時はスウェーデン Volvo（ボルボ）の ETC（エンジン制御のみで、ブレーキ制御は含まない）、ドイツ Mercedes-Benz（メルセデス・ベンツ）の ASR（ブレーキとスロットルを制御対象としていた）などの類似製品があった。
SOP パッケージと同じ形で、厚さを 0.8〜1.2mm に縮小したもの。
Si 貫通ビア。シリコンに貫通穴を開け、金属でシリコンの表裏の電気的接続を取ったもの。
バンプを付ける前の下地金属膜。
米国保険業者安全試験所
真空補助樹脂注入成形
経由穴。複数の導体層の間の電気的接続を図るために設けられた穴（対語は部品穴）。JIS では「バイア（ビア）」と音訳語を用いている。
層間を接続するために用いる穴。経由穴。
道路交通情報通信システム
揮発性有機化合物
インバーターを用いて交流モーターで駆動する方式。

用　語	英語表記	よ　み	
(W)			
WB	Wire Bonding		
WBC	Wafer Backside Coating		
WL–CSP	Wafer Level CSP		
WLP	Wafer Level Package		
WLUF	Wafer–Level Under Fill		
WOW	Wafer On Wafer		
WSS	Wafer Support System		
(Y)			
YAG	Yttrium Aluminum Garnet		
数字（3）			
3D–MID	Three Dimensional Molded Interconnect Devices	すりーでぃーみっど	
3DVLSI	Three Dimensions Very Large Scale Integration		

半導体チップの電極部（ボンディングパット）と、リードフレームおよび基板上の導体などとの間を金、アルミニウムなどの細いワイヤで接続する方法。

液状ダイアタッチ材料をウエーハ裏面に塗布することで DAF と同様の工法を低コストで可能にすることを目的としている。

ウエーハの形態で全てのパッケージングプロセスを行ったパッケージで外部端子がチップ内にあるパッケージを WL–CSP と呼び、外側にあるものを FO–WLP（Fan–Out Wafer Level Package）と呼ぶ。

ウエーハの形態で全てのパッケージングプロセスを行ったパッケージ。

ウエーハにあらかじめ樹脂を塗布して半硬化させ、フリップチップ接続時に封止も同時に行う技術。

ウエーハの積層で大規模積層回路を作製する 3 次元集積技術。

キャリアウエーハ（ガラスあるいは Si）上に剥離可能な接着層を介して薄化ウエーハを貼り付けて加工処理を行う方法。

イットリウムアルミニウムガーネット（化合物半導体）。レーザー加工に使われる。炭酸ガスレーザーより短波長なため微細加工に適する。

樹脂成形品の表面に金属膜で回路形成したもの。

ファインピッチである 3 次元超高集積回路。

　皆様いかがだったでしょうか。実装技術の奥深さを感じ取っていただけましたでしょうか。実際にまとめてみると、あれもこれも関連しているし、記載しなければという思いが募り、体系立てることの難しさを実感しました。2020年年初に正式に依頼を頂いてから、折からの新型コロナ禍でいろいろな確認をする作業が進まず、計画を何度も変更しながらやっとここまでたどり着くことができました。

　自動車産業は一時期のコロナ禍の状況を脱して、回復基調になってきましたが、改めて人の移動の在り方について、見直しをする良い機会であったのではないかと思います。すなわち、楽に移動するという価値だけではなく、移動のプロセスを楽しむ価値を与えてくれる移動もあるのではないか、との議論が起こっています。確かに自動運転を極めれば、レベル5の完全自動運転が目指す姿なのかもしれません。しかし、あえて移動者のわがままを実現する自動運転技術の開発も必要ではないかと思うのです。あくまで、人間が主役の移動はいつまでたっても求められるのではないかとの思いを強くしています。そして、自動運転車両と相性の良い電動車両の開発すなわち、自動車の電動化は、二酸化炭素（CO_2）削減のために待ったなしです。そのためのワイドバンドギャップ（WBG）デバイスの本格利用が待たれるところですが、自動車の安全性とのバランス

を考えると、なかなかハードルが高いようです。いずれ炭化ケイ素（SiC）なり窒化ガリウム（GaN）デバイスなどが使いこなせる世界が来ると思います。現在はどうしたらそれらデバイスの本来性能を最大限に引き出し使いこなせるようになるか、そのための実装技術は何かという議論がされています。その中心に実装技術があることを改めて実感しています。特に、日本のお家芸である材料開発とパワーデバイスで後れを取ってはなりません。実装技術は、真に主役に躍り出ようとしています。この機会にぜひ、パワーデバイス実装を中心とした実装技術の世界に、多くの方が参画してくれることを期待します。

　最後になりますが、実装技術の教科書をまとめる企画を提案いただきながら、筆者の筆の進みが悪く予定を大幅に遅れてしまったにもかかわらず、辛抱強く原稿を待っていただきました。その後の編集作業を超人的なスピードで進めていただいた、日経 BP の近岡裕氏、松岡りか氏、白井佐和子氏および関係者の皆様方の忍耐力に感謝いたします。そして、1 年以上にわたる執筆期間中、好きな旅行を我慢しながら、明るく家庭を支えてくれた家族に感謝したいと思います。

2021 年 12 月　神谷有弘

index

日本の競争力を支えるJissoが基礎から分かる

実装技術の教科書

2021年12月20日　第1版第1刷発行

著者	神谷有弘
発行者	吉田琢也
発行	日経BP
発売	日経BPマーケティング
	〒105-8308 東京都港区虎ノ門4-3-12
編集	松岡りか、近岡 裕
デザイン	Oruha Design
制作	美研プリンティング
印刷・製本	図書印刷

本書籍に関するお問い合わせ、ご連絡は下記にて承ります。
https://nkbp.jp/booksQA